动物
百科

U0724667

保护动物

动物百科编委会　编著

中国大百科全书出版社

图书在版编目（CIP）数据

保护动物 / 动物百科编委会编著 . -- 北京 : 中国
大百科全书出版社， 2025.1. --（动物百科）. -- ISBN
978-7-5202-1719-4

Ⅰ . S863-49

中国国家版本馆 CIP 数据核字第 2025WM5497 号

总 策 划：刘　杭　　郭继艳
策划编辑：张会芳
责任编辑：李昊翔
责任校对：闵　娇
责任印制：王亚青
出版发行：中国大百科全书出版社有限公司
地　　址：北京市西城区阜成门北大街 17 号
邮政编码：100037
电　　话：010-88390811
网　　址：http://www.ecph.com.cn
印　　刷：唐山富达印务有限公司
开　　本：710mm×1000mm　1/16
印　　张：10
字　　数：100 千字
版　　次：2025 年 1 月第 1 版
印　　次：2025 年 1 月第 1 次印刷
书　　号：ISBN 978-7-5202-1719-4
定　　价：48.00 元

本书如有印装质量问题，可与出版社联系调换。

—— 总 序

这是一套面向大众、根植于《中国大百科全书》第三版（以下简称百科三版）的百科通俗读物。

百科全书是概要记述人类一切门类知识或某一门类知识的完备的工具书。它的主要作用是供人们随时查检需要的知识和事实资料，还具有扩大读者知识视野和帮助人们系统求知的教育作用，常被誉为"没有围墙的大学"。简而言之，它是回答问题的书，是扩展知识的书。

中国大百科全书出版社从 1978 年起，陆续编纂出版了《中国大百科全书》第一版、第二版和第三版。这是我国科学文化建设的一项重要基础性、标志性、创新性工程，是在百年未有之大变局和中华民族伟大复兴全局的大背景下，提升我国文化软实力、提高中华文化国际影响力的一项重要举措，具有重大的现实意义和深远的历史意义。

百科三版的编纂工作经国务院立项，得到国家各有关部门、全国科学文化研究机构、学术团体、高等院校的大力支持，专家、学者 5 万余人参与编纂，代表了各学科最高的专业水平。专家、作者和编辑人员殚精竭力，按照习近平总书记的要求，努力将百科三版建设成为有中国特色、有国际影响力的权威知识宝库。截至 2023 年底，百科三版通过网站（www.zgbk.com）发布了 50 余万个网络版条目，并陆续出版了一批纸质版学科卷百科全书，将中国的百科全书事业推向了一个新的高度。

重文修武，耕读传家，是我们中国人悠久的文化传承。作为出版人，我们以传播科学文化知识为己任，希望通过出版更多优秀的出版物来落实总书记的要求——推动文化繁荣、建设中华民族现代文明，努力建设中国式现代化强国。

为了更好地向大众普及科学文化知识，我们从《中国大百科全书》第三版中选取一些条目，通过"人居环境""科学通识""地球知识""工艺美术""动物百科""植物百科""渔猎文明""交通百科"等主题结集成册，精心策划了这套大众版图书。其中每一个主题包含不同数量的分册，不仅保持条目的科学性、知识性、准确性、严谨性，还具备趣味性、可读性，语言风格和内容深度上更适合非专业读者，希望读者在领略丰富多彩的各领域知识之时，也能了解到书中展示的科学的知识体系。

衷心希望广大读者喜爱这套丛书，并敬请对书中不足之处给予批评指正！

《中国大百科全书》编辑部

——— "动物百科"丛书序

　　全球已知有150多万种动物，包括原生动物、多孔动物、刺胞动物、扁形动物、线形动物、苔藓动物、环节动物、软体动物、节肢动物、棘皮动物、脊索动物等，个体小至由单细胞构成的原生动物，大至体长可达30多米的脊索动物蓝鲸，分布于地球上所有海洋、陆地，包括山地、草原、沙漠、森林、农田、水域以及两极在内的各种生境，成为自然环境不可分割的组成部分。

　　除根据动物分类学将动物分类外，还可根据动物的种群数量、生活环境、对人类的利弊、生物习性等进行分类。有的动物已经灭绝，有的动物仍然生存繁衍。但现存动物中一部分已经处于濒危、近危、易危状态，需要我们积极保护。还有一部分大量存在的动物，有的于人类相对有益，如家畜、家禽、鱼虾蟹贝类、传粉昆虫、害虫的天敌等，是人类的食物来源和工业、医药业的原料，给人类的生存和发展带来了巨大利益；有一些动物（如猫、狗）是人类的伴侣，还有一些动物可供观赏。有些动物于人类相对有害，破坏人类的生产活动（如害虫、害兽）或给人类带来严重的疾病。动物的生活环境也不尽相同，有终生生活在陆地上的陆生动物，有水陆两栖的两栖动物，有终生生活在水中的水生动物，其中水生动物还可分为淡水动物和海水动物。此外，自然界的动物习性多样，有的有迁徙（洄游）习性，有的有冬眠习性。

　　为便于读者全面地了解各类动物，编委会依托《中国大百科全书》

第三版生物学、渔业、植物保护学、畜牧学等学科内容，组织策划了"动物百科"丛书，编为《灭绝动物》《保护动物》《有益动物》《有害动物》《常见淡水动物》《常见海水动物》《畜禽动物》《迁徙动物》《冬眠动物》等分册，图文并茂地介绍了各类动物。必须解释的是，动物的有害和有益是相对的，并非绝对的；动物的灭绝与否、受保护等级等也会随着时间发生变化，本丛书以当前统计结果为依据精选了相关的内容。因受篇幅限制，各类动物仅收录了相对常见的类型及种类。

希望这套丛书能够让更多读者了解和认识各类动物，引起读者对动物的关注和兴趣，起到传播科学知识的作用。

动物百科丛书编委会

目 录

第 1 章　哺乳类　1

第 2 章　鸟类 93

第 3 章　爬行类 105

第 **1** 章

哺乳类

灵长目

蜂　猴

蜂猴是灵长目懒猴科蜂猴属的一种。

◆ 地理分布

蜂猴是东南亚地区特有种。中国为蜂猴次要分布区，为其分布区的东北边缘，分布于云南高黎贡山南段，无量山、哀牢山至文山一线以南及广西西南部等地，其中在云南西盟、永德等地还较易遇见，广西宁明可能已绝迹。蜂猴在国际上分布于泰国（克拉地峡以北）、柬埔寨、越南、老挝、缅甸、孟加拉国及印度东北部。

◆ 形态特征

蜂猴的身体粗胖、四肢粗短，体形较小，体重 1.0 ～ 1.5 千克，体长 205 ～ 350 毫米，颅全长大于 62 毫米。尾极短，约 22 毫米，隐于毛被中。面圆、眼大。耳小，外耳壳不显。拇指和食指不甚发达，除后足第二趾具爪外，其余各趾（指）均具扁平指甲，拇指和其他指可相对握达 180°。全身被以浓密的短毛。

蜂猴的鼻端圆而突出，肉棕色，裸露无毛。吻鼻周围白色，微具短绒毛。头面和颈部灰白色，眼圈特大，黑褐色，几乎占面盘的大部，唯眼间形成一纵向白色细纹，至眉部渐向后外侧展开。耳周淡棕褐色。面侧、耳前、枕、颈和体背主要为白色。眼圈边缘、耳周和耳背棕褐色，眼上叉纹不显。体背和腰部毛端灰白色，从枕部到体背至腰臀部沿背中线有一深色脊纹。枕、颈的脊纹窄，棕黄色；肩背部脊纹粗宽，棕黑色或棕黄色，至腰臀部渐趋消失。前肢上部和后肢褐棕色，前肢肘部、手背、后肢足背和下体均为灰白色或灰黄色。

蜂猴的头骨呈长椭圆形，吻短。眼眶宽大，向后上方倾斜。眶上嵴和颞颥嵴均较发达，在额顶部形成一个大而明显的菱形框。脑颅大而隆凸。颧骨突和眶上突愈合形成封闭的眼眶。两侧颞颥嵴向后在顶骨部靠近但分离，不形成矢状嵴。人字嵴不显，翼窝孔较宽，腭突明显，听泡低平，腭板后缘接近 M2 后缘。下颌骨短而高，下颌前臼齿齿根基部有两个小孔。齿式为 2.1.3.3/2.1.3.3。上门齿楔状，略呈三角形。下门齿狭长呈扁针形，下犬齿门齿化，与下门齿平齐紧密排列成梳状。

◆ **生物学习性**

蜂猴是典型的东南亚热带动物。主要栖于东南亚热带雨林、季雨林和南亚热带季风常绿阔叶林，栖息地海拔一般在 1200 米以下。常在原始林中比较高大的树上活动，偶尔亦见于次生林和人工芭蕉林。树栖，夜行性，昼伏夜出。白天多卷缩成团在乔木树洞、枝叶繁茂的树冠或浓密的枝条的树杈上休息。多攀爬式行走，行动缓慢。除繁殖期配对交配外一般单独活动。多以热带鲜嫩的浆果、花、叶和昆虫为食，也取食鸟卵、蜂蛹、蜂蜜及小型蜥蜴等。成年雄性具很强的领域性，用尿液标记领地。蜂猴比较温顺，容易人工驯养，在人工饲养时，喜食芭蕉、香蕉和面包虫等。

◆ 面临威胁

中国是蜂猴的次要分布区，分布范围相对较小，数量较为稀少，仅在少数地区还可遇见。其在中国致危的原因还有：①适宜栖息地大多遭到破坏，乡村道路建设导致其栖息地进一步破碎化。②民间认为其具有药用价值且常作宠物而过度猎捕。③非法贸易在某种程度上屡禁不止。

◆ 保护措施

蜂猴被《世界自然保护联盟濒危物种红色名录》评估为濒危（EN）等级物种，被《濒危野生动植物种国际贸易公约》（CITES）列入附录一中，在中国被列为国家一级保护野生动物。中国的蜂猴分布区内建有十余个国家级、省级自然保护区，对蜂猴在中国的保护起了重要的作用。

倭蜂猴

倭蜂猴是灵长目懒猴科蜂猴属的一种。

◆ 地理分布

倭蜂猴是东南亚地区特有种。中国为倭蜂猴分布的最北缘，仅发现于云南南部、东南部低海拔地区、与越南接壤的边境地区（包括红河州绿春、金平、屏边和河口，文山州马关、麻栗坡等县），在这些地区与蜂猴同域分布。倭蜂猴在国际上分布于湄公河东岸，包括越南、老挝和柬埔寨东部。

◆ **形态特征**

倭蜂猴的体形较小，体重 210 ～ 540 克，体长 205 ～ 350 毫米，颅全长 46.1 ～ 53.9 毫米。尾极短，约 16 毫米，隐于被毛中。头圆颈短，眼大，耳大，体被绒毛。前肢纤细，后肢粗壮。四足背面包括指（趾）背密被灰白毛。体毛绒长，长针毛较多，仅体后部具少许波状卷毛。拇指与其余四指垂直对握。

倭蜂猴的吻鼻部黑褐色，耳间具宽形浅棕色或褐色眶环，自额至鼻间有一条显著的白色条纹。躯体毛色多变，呈橙棕色、赤褐色或暗灰褐色。头部毛色暗淡不一，肩颈及背部褐色条纹宽窄、色

倭蜂猴

彩深浅、条纹两侧白色毛尖多少均有差异，背中央前部至头顶具浅淡棕褐色背纹。

倭蜂猴的头骨吻鼻部较窄而高凸，眶间区亦略显宽。泪孔、眶下孔和颧面孔左右各一个，无颧颞孔。腭板略向后延长，其后缘接近 M3 的中后缘。齿式为 2.1.3.3./2.1.3.3。上门齿相对短小，呈楔状。

◆ **生物学习性**

倭蜂猴栖息于低海拔热带雨林、季雨林的阔叶林及其林缘稀树地带，常在沟谷间的原始林、次生林和野芭蕉林活动。昼伏夜出，夜行性。树栖，以四肢交替运动在树干上爬行，活动时无声无息。倭蜂猴以植物和

动物为食，植物性食物主要为热带野生浆果，如野芭蕉、荔枝、龙眼及多种榕树的果实；动物性食物主要包括软体动物、昆虫、小鸟、小型哺乳动物（如鼠类）和蜥蜴。

◆ 生活史特征

倭蜂猴的繁殖有明显的季节性，怀孕期 188～196 天，于春天（2 月初～3 月中）产仔，双胎，初生幼仔体重 14.8～20.5 克，哺乳期 3～4 个月。

◆ 面临威胁

倭蜂猴在中国致危的原因主要有以下几方面：分布区狭小，适宜栖息的热带雨林和季雨林几乎都被破坏；种群数量极少；民间认为其具有药用价值并常作宠物而过度捕捉等。

◆ 保护措施

倭蜂猴被《世界自然保护联盟濒危物种红色名录》评估为濒危（EN）等级物种，被《濒危野生动植物种国际贸易公约》（CITES）列入附录一中，在中国被列为国家一级保护野生动物。倭蜂猴在中国的分布区内有 4 个国家级自然保护区和 2 个省级自然保护区，即云南绿春黄连山国家级自然保护区、云南屏边大围山国家级自然保护区、云南金平分水岭国家级自然保护区、云南文山国家级自然保护区、麻栗坡老山省级自然保护区及麻栗坡马关老君山省级自然保护区，这些保护区对倭蜂猴在中国的保护起了非常重要的作用。

白头叶猴

白头叶猴是灵长目猴科乌叶猴属的一种。又称乌猿。中国特有种。

白头叶猴与分布在越南北部的金头叶猴、黑叶猴亲缘关系十分接近，曾被划分为黑叶猴的一个亚种，后来又划分为金头叶猴的一个亚种。最后通过分布和形态特征重新确定了种的地位。

◆ **地理分布**

白头叶猴仅分布在广西壮族自治区西南部崇左市所辖范围内的部分喀斯特石山地区。

◆ **形态特征**

白头叶猴的成年个体头部及肩部为白色，其余部位黑色，又以树叶为食而得名。尾长超过体长，适于树栖，体形纤细，四肢细长，体重8～10千克，与黑叶猴在形态和体形大小上相差不多。体毛也以黑色为主，与黑叶猴不同的是头部高耸着一撮直立的白毛。幼仔非常漂亮，全身的毛发是金黄色的。半岁后毛色开始变化，一岁半左右幼仔的毛色几乎与父母一致，但是体形明显偏小。

白头叶猴

◆ **生物学习性**

白头叶猴仅生活在喀斯特石山地区。以树叶为主要食物，在开花和结果的季节也采食花、果。集群活动，成员通常为5～9只，最大可达30只，由成年雄性作为首领。昼行性动物，清晨开始觅食，傍晚回到位于悬崖峭壁上的山洞过夜。

◆ **生活史特征**

白头叶猴一年四季都有幼仔生产，但以夏天和秋天为多。幼仔出生后，全身金黄色，由母亲携带，到了 6 月龄的时候，已经能够独立生活，自由采食了。

◆ **种群动态**

20 世纪 90 年代，在人工饲养状态下，中国广西南宁动物园成功对白头叶猴进行了人工饲养繁殖，北京动物园曾经有过一群 10 只左右的群体。人工环境下只有上海动物园和广东长隆野生动物园各有 1 只年老的个体。白头叶猴从未到达过其他国家的动物园。

◆ **保护措施**

白头叶猴是中国国家一级保护野生动物，2002 年曾被列入全世界濒危的 25 种灵长类之一。白头叶猴种群基本上生活在中国广西壮族自治区崇左市境内的两个国家级保护区（崇左白头叶猴国家级自然保护区和弄岗国家级自然保护区）内。在 20 世纪 80 年代保护区建立之前，白头叶猴及与其亲缘关系最近的黑叶猴被当地人猎杀作为乌猿酒的主要材料，到了濒临灭绝的地步。保护区建立后，白头叶猴得到了有效保护。截至 2023 年，白头叶猴已从 20 世纪 80 年代的 300 多只增长到约 1400 只。

白头叶猴母猴和幼仔

滇金丝猴

滇金丝猴是灵长目猴科仰鼻猴属的一种。又称黑白金丝猴、黑白仰鼻猴、雪猴、花猴、大青猴、白猴、飞猴。中国特有珍稀灵长类动物。

◆ 地理分布

滇金丝猴在藏语中称其为"知解"，傈僳族语称其为"杰米"，白族称其为"摆药"（按白文音译 baiphhod，白猴之意）。分布于澜沧江与金沙江之间云岭山脉主峰两侧的高山深谷地带的高山暗针叶林中。活动海拔 2600 ～ 4400 米，适宜生境面积约 2 万平方千米。生境内坡陡崖深，地理环境复杂，气候条件恶劣。整个分布区跨越怒江傈僳族自治州、丽江市、大理白族自治州和迪庆藏族自治州三州一市共计 7 个县：云南省德钦县、维西县、玉龙县、剑川县、兰坪县、云龙县和西藏自治区芒康县，向北延伸达西藏自治区境内的宁静山脉，呈西北—东南线状态势。滇西北是滇金丝猴主要分布区，占总个体数的 85%。

◆ 形态特征

滇金丝猴身体较川金丝猴稍大，体长 74 ～ 83 厘米，尾相对较短，略等于体长，长 51 ～ 72 厘米，但更粗大，尾巴中部有黑色卷曲长毛。成年雄猴体重约 30 千克（占 80%，最重 47 千克），成年雌猴 18 ～ 20 千克。身体背面、侧面、四肢外侧、手、足以及尾均为灰黑色，在背面具有灰白色的稀疏长毛，颈侧、腹面、臀部及四肢内侧均为白色，全身无金色毛发。头顶冠毛黑而长，面部颜色灰白带微粉，嘴唇肥厚鲜红，鼻头退化导致鼻孔上扬，呈倒立豆芽菜状。

◆ **生物学习性**

滇金丝猴可能是居住海拔最高的树栖灵长类动物。性机警，行动敏捷，耐低氧寒冷。其野生群体一般为 100 只左右，实际猴群大小变化极大（50～500 只），活动范围为 20～50 平方千米，较其他金丝猴（10～20 平方千米）大，但未见超过 60 平方千米活动范围的野生群体。其家域利用和游动基本不受季节性变化的影响，自有群体相对固定，无季节性垂直迁移现象。

滇金丝猴主食地衣类（如长松萝）及各种嫩叶、越冬的花苞及叶芽苞，秋季多采食花楸果和五加果等，一年四季采食竹叶，5～7月喜食箭竹的竹笋，食物种类多达百种。滇金丝猴是多

雄滇金丝猴

个一雄多雌的繁殖单元（one-male-multi-female units; OMU）和一个结构松散多变的全雄单元（all-male unit; AMU）组成的重层社会混合群体，全雄单元中个体经常离开其单元，三三两两围绕在一个或几个小规模繁殖单元周边活动，休息时有时会重新聚合在一起，从而呈现出有多个全雄群存在的现象。整个群体无论在繁殖单元之中，还是繁殖单元之间，成年个体之间有明显的社群等级体系，但繁殖单元内的个体一定比全雄群中个体社会等级要高。雌猴 5 岁性成熟，雄猴 8～9 岁性成熟，每年 9～10 月为交配高峰，孕期 6～7 个月，来年 3～4 月集

中产仔（2月下旬开始到6月初结束），幼仔半岁之前死亡率不低于30%。

◆ **种群动态**

1987年，云南约有1000只滇金丝猴；1993年，西藏芒康约有1000只滇金丝猴。1994年，中国灵长类研究者龙勇诚等的调查结果显示，整个滇金丝猴分布区域内共有20群1500只，其中西藏数量下降幅度最大，云南滇西北数量增

滇金丝猴一个一雄多雌的繁殖单元

加。根据云南省林业和草原局的种群动态监测数据，滇金丝猴种群及总体数量已由1996年的13个种群1000～1500只增至2021年的23个种群3300只以上。

◆ **面临威胁**

滇金丝猴分布区内居民有藏族、傈僳族、彝族、纳西族、白族、普米族等众多少数民族，多有传统的狩猎习惯，其中尤以傈僳族狩猎风俗为甚。这些居民多散居于高寒、半高山地区，生活条件艰苦，主要的生产经营活动为山地农耕、畜牧业、采集野生生物资源等，其活动对滇金丝猴影响颇大。偷猎、采伐、毁林开荒是造成滇金丝猴濒危的主要原因。尚存自然群因为人为影响，群体之间近乎完全隔离，个体交流中断，种群面临近交衰退和斑块化生境过度利用的风险。

◆ **保护措施**

自 20 世纪 80 年代末（1988）到 21 世纪初（2004），滇金丝猴种群数量从 20 群下降到了 15 群，但个体数变化不大。中国已建立了两个国家级自然保护区用以保护滇金丝猴。1983 年在云南德钦成立白马雪山自然保护区（省级），1988 年升级为国家级，2003 年建立白马雪山国家级自然保护区管理总局，下辖维西和德钦两个分局；1985 年在西藏芒康成立西藏红拉山自然保护区（县级），2002 年升级为国家级自然保护区并更名为西藏芒康滇金丝猴国家级自然保护区。所有猴群均处于保护区范围内。此外，还可以考虑将定期、不定期巡护和适当人为介入建立生态廊道和迁地保护作为主动保护行为的试点工作。

滇金丝猴于 1989 年被中国列为国家一级保护野生动物；1996 年，被世界自然保护联盟（IUCN）列为濒危（EN）等级物种，2003 年被调整为极危（CR）等级物种；1997 年，在《濒危野生动植物种国际贸易公约》（CITES）附录一中被定为濒危级。

黔金丝猴

黔金丝猴是灵长目猴科仰鼻猴属的一种。别称灰仰鼻猴、白肩仰鼻猴、牛尾猴、灰金丝猴。中国特有种。

◆ **地理分布**

黔金丝猴只分布于中国贵州东北部铜仁市境内的梵净山国家级自然保护区。

◆ **形态特征**

黔金丝猴体形近似川金丝猴，身体壮实，四肢较为粗壮，腹部膨胀，在坐姿时尤为明显。成年雄猴体重 13 ～ 16 千克，头体长 67 ～ 69 厘米，尾长 84 ～ 91 厘米。脸部皮肤浅蓝色，上、下眼睑及鼻中隔肉色，鼻翼灰蓝色，唇窄而光滑，粉红肉色，有不规则的青斑。成年个体全身毛色为黑褐色，头顶、背部、体侧、四肢外侧直至尾部的毛色最深，呈较浓的黑褐色。肩部、胸部及腹部的毛色浅，胸部及腹部的毛稀而略短，面部毛短，白色有光泽，额部毛基金黄色。

◆ **生物学习性**

黔金丝猴主要生活在 700 ～ 2200 米的常绿、落叶阔叶混交林中。在此生境中，其主要的食物常年供应相对充足。黔金丝猴是典型的植食性动物，食物包括多种植物的根、茎、叶、花及果实等不同部位，但也会取食无脊椎动物。黔金丝猴对取食植物和植物的部位都具有选择性和季节性转变，春季对山樱桃的叶和花，贵州青冈、曼青冈和水青冈的叶有明显的喜好；夏季和秋季的食物种类和食物量很丰富，多采食山樱桃的果实、叶及灯台树的果实等；冬季主要啃食武当木兰和鹅掌楸的芽，也采食冬青科植物的叶和皮等。黔金丝猴全年都有采食昆虫等无脊椎动物的记录。

由于冬季食物减少，黔金丝猴不得不花很多时间频繁地取食树芽和树皮。夏季会翻开地上的小石块、地面覆盖的苔藓和树上的枯树皮，取食无脊椎动物。

黔金丝猴的行为模式与食性紧密相关。当食物较丰富且质量较好的时候，猴群会移动比较长的距离以获得高质量的食物，这时猴群采取"高成本—高收益"能量平衡策略，而当食物相对匮乏并且质量差的时候，猴群通常采取"低成本—低收益"的能量平衡策略，它们只需要移动很短的距离就可以满足取食需求。黔金丝猴群有季节性的聚合和分散现象，夏季和秋季猴群规模较大，常以几百只的规模聚群活动；冬季和春季猴群规模多以小群（几十只）为主，

黔金丝猴母子

尤其以冬季最为明显。在 8 月果实多，特别是灯台树果实成熟时，猴群呈大群分布。

◆ **生活史特征**

黔金丝猴是季节性繁殖物种，一般的交配季节在 8 ～ 10 月，其中 9 月为交配高峰期，出生主要集中在 3 ～ 5 月。雌猴性成熟年龄为 70.8 ± 6.7 个月，每胎产 1 仔，初次产仔年龄为 102.4 ± 7.5 个月，繁殖间隔为 38.2 ± 4.4 个月。

◆ **种群动态**

据中国贵州梵净山国家级自然保护区管理局统计，截至 2023 年保护区内黔金丝猴数量在 700 ～ 800 只，均分布在海拔 700 ～ 2200 米的常绿阔叶林和常绿、落叶阔叶混交林中。种群数量基本稳定，可能已经达到其环境容纳量。

◆ **保护措施**

黔金丝猴已被世界自然保护联盟（IUCN）红皮书列为濒危（EN）等级物种，在中国为国家一级保护野生动物。偷猎误伤、栖息地退化与破坏是黔金丝猴面临的主要威胁因素。应该建立可持续发展的生态系统对黔金丝猴进行长期保护。

川金丝猴

川金丝猴是灵长目猴科仰鼻猴属的一种。又称金仰鼻猴、狮鼻猴、金绒猴、蓝面猴、洛克安娜猴。在中国古代的称谓有狖、蜼、狨、猱、果然、獑猢、宗彝、金线狨、丝绒及金绵狨等。

◆ **地理分布**

川金丝猴仅分布于中国四川、甘肃、陕西和湖北等地。因毛色、体形、尾长等形态特征具地理差异，川金丝猴又被分成 3 个亚种：指名亚种、秦岭亚种和湖北亚种。

◆ **形态特征**

川金丝猴是中型哺乳类动物，头圆，头顶金黄色丛毛短而直立，毛尖黑色，呈明显轮廓可用于个体识别。成年个体鼻梁微凹，鼻孔向上仰，孔上下略长，吻部短。颜面部裸露，呈蓝灰色到灰白色，唇厚黑色，无颊囊；成年大公猴嘴角有下垂肉瘤，犬齿发达。颊部及颈侧棕红，肩背具长毛，色泽金黄，尾长而直，无缠绕性，具平衡作用。胼胝灰蓝色，较小而略呈椭圆形。成年雄体长平均为 680 毫米，尾长 685 毫米。金丝猴毛色随年龄、季节变化而有差异，一般春末夏初有换毛现象，此时毛色明显粗陋，秋季毛色洁净艳丽，估计与交配有关。

笼养雄性成年川金丝猴

成年个体在毛色、体重和体形大小上具有明显的性二型特征。婴猴全身土黄色，毛绒细，不易从毛色辨雌雄，成年雄性体形较大，毛色艳丽，全身大致金黄色或红棕色，头顶及面部四周、颈部及前肩处呈猩红色，背部皮毛金黄色，长达 30 厘米。成年雌性个体小，毛色黄褐色，披毛短，尾毛与雄性一致均为灰色，末端乳白色。

◆ **生物学习性**

川金丝猴是典型的森林树栖动物，常年栖息于海拔 1500～3300 米的森林中。其生境中植被类型有热带山地常绿阔叶林、落叶阔叶混交林、亚热带落叶阔叶林、常绿针叶林及次生性的针阔叶混交林 5 种，垂直分布特征明显。营群栖生活，以一雄多雌制繁殖单元为基本社群结构，多个繁殖单元外加一个松散的全雄单元形成一个大的自然群体。平常，社群中一些一雄多雌制繁殖单元会形成小分队，小分队会形成亚群，最终外显为一个大的自然群体，即构成重层社会，是灵长类中最为复杂的社会结构。

川金丝猴的食性很杂，但以植食性为主。所食主要植物达上百种。主要采食植物的芽苞、枝芽、花蕾以及花瓣，也有少数个体下地掘食植物块状根茎和杂草的地上部分。夏季主要采食成熟树叶、竹叶、果实等；

秋季以各种果实和种子为主；冬季主要是在林中啃食多种树皮、藤皮及残留的花序、果序、树干上的松萝、苔藓、地衣等,食物的时令性强。

川金丝猴的一个繁殖单元

◆ **生活史特征**

川金丝猴的性成熟期雌性早于雄性，雌性4～5岁性成熟，雄猴迟到8岁左右性成熟。全年均有交配，但9～11月为交配高峰期，孕期6～7个月，多于3～4月产仔，个别也有在2月或5月产仔的，每胎1仔。

◆ **种群动态**

川金丝猴是现生金丝猴中分布最广、数量最多的物种，尚存野生群160群，约3万只，主要分布在四川（占总数的80%多），其次是陕西秦岭（5000只），湖北神农架有约1000只，甘肃南部不足300只。群体之间连续性差乃至完全相互隔离。

◆ **面临威胁**

滥捕滥杀是川金丝猴濒危的主要原因。毁林开荒和林中放牧造成其生境破碎化和缩减，进而造成猴群分布不连续，群间交流中断，分布范围缩小。文献记载其天敌有豺、金猫、豹、雕、鹫、鹰等。但人类活动对自然环境的干扰也使得其天敌大规模消失消亡，天敌的生态作用也基本消失。

◆ **保护措施**

川金丝猴于1989年被中国列为国家一级保护野生动物；于1996年

被世界自然保护联盟（IUCN）列为易危（VU）等级物种，2003 年被调为濒危（EN）等级物种；于 1997 年被收录在《濒危野生动植物种国际贸易公约》（CITES）附录一中，被定为濒危级物种。自 1963 年以来，中国共建立的有川金丝猴的自然保护区有 38 个，这些保护区总面积约 1.1 万平方千米，占川金丝猴分布区面积的 55%。

白掌长臂猿

白掌长臂猿是灵长目长臂猿科长臂猿属的一种。

◆ 地理分布

白掌长臂猿共包含 5 个亚种。白掌长臂猿在中国分布于南部地区。国际上分布于缅甸东部、老挝、泰国、马来西亚和印度尼西亚等地。白掌长臂猿曾经分布于中国云南西南部的沧源县、孟连县和西盟佤族自治县等地区。这些地区的白掌长臂猿被认为是一个独立的亚种，但其分类地位仍有争议。2007 年的野外地调查显示，白掌长臂猿可能已经从中国灭绝。

白掌长臂猿

◆ 形态特征

白掌长臂猿体重 4 ～ 7 千克，头体长 40 ～ 60 厘米，雌雄没有明显差异。体色无性别差异，两性均有暗色型（黑色、褐色）和浅色型（黄色）。脸部由白色毛发形成一个明显的脸环，因手足呈白色而得名。不同亚种毛色略有差异。

◆ 生物学习性

白掌长臂猿主要生活于海拔 1200 米以下的常绿阔叶林和沼泽雨林中，也能在受干扰的次生林中生活。喜食果实，也取食树叶、花、芽等植物性食物和小鸟、鸟蛋、蜥蜴、昆虫等动物性食物。白掌长臂猿营一夫一妻制家庭生活，偶尔有群体中有两只成年雄性，群体大小一般不超过 5 只。家域面积一般不超过 50 公顷，日活动距离约 1400 米。领域性强，通过清晨的鸣叫或相邻群体间的打斗维持领域，偶尔有致死性打斗发生。

在泰国，白掌长臂猿每天平均活动 8.7 小时。活动期间，33% 的时间用于取食，26% 的时间用于休息，24% 的时间用于移动，其他时间则用于各种社会行为。日落前平均 3.4 小时进入过夜树。

◆ 生活史特征

白掌长臂猿月经周期 21 ～ 22 天（范围 15 ～ 25 天），排卵期间有较明显的性红肿。平均 3.5 年繁殖 1 次，每胎 1 仔。后代 8 ～ 10 岁性成熟，雌性均迁出。野外寿命可达 40 岁，笼养个体寿命可达 50 岁。

◆ 保护措施

白掌长臂猿已被世界自然保护联盟（IUCN）列为濒危（EN）等级物种，在中国已被列为国家一级保护野生动物。

西黑冠长臂猿

西黑冠长臂猿是灵长目长臂猿科冠长臂猿属的一种。原名黑长臂猿或黑冠长臂猿。

◆ 地理分布

西黑冠长臂猿下分 4 个亚种：指名亚种、景东亚种、滇西亚种和老挝亚种，但景东亚种和滇西亚种的分类地位具有争议。西黑冠长臂猿在中国分布于红河以西的云南地区。国际上分布于老挝北部和越南北部。

◆ 形态特征

西黑冠长臂猿头体长 50 厘米左右，体重 7 ～ 10 千克。无尾。成年雄性全身黑色，冠毛非常发达，耳朵不外漏；成年雌性黄色，头顶有明显的黑色冠斑，不明显突出，嘴角有白毛，下巴毛发黑色，胸腹部黑色。新生幼猿基本无毛，随后逐渐长成黄色，1 岁左右开始逐渐变黑。雄性成年后保持黑色，而雌性性成熟时逐渐变成黄色。

◆ 生物学习性

西黑冠长臂猿是冠长臂猿属中生活海拔最高的物种，可以生存于2700 米以下的常绿阔叶林和半常绿阔叶林中。喜食浆果，无花果在其食性中占有重要比例；夏天喜欢觅食昆虫等动物性食物；果实缺乏时则取食大量的树叶、芽和花等食物；偶尔捕食鼯鼠等脊椎动物。平均约 2 天鸣叫 1 次，91.5% 的鸣叫发生在日出前 0.5 小时至日出后 3 小时之间，每次鸣叫平均持续 12.9 分钟。通常由雄性发起，雌性加入形成结构复杂的二重唱。如果雌性不加入鸣叫，则

西黑冠长臂猿成年和青年雄性

形成雄性独唱。一次二重唱中，雌性平均激动鸣叫 4.6 次。雄性的鸣叫声具有明显的个体差异。这些叫声具有防御领域、吸引和防御配偶、加强配对关系和凝聚群体等功能。

西黑冠长臂猿营一夫一妻或一夫两妻制家庭式群体生活。通常一个家庭由 1 只成年雄性，1 ～ 2 只成年雌性以及它们的后代组成，一般不超过 9 只。家域面积约 150 公顷，领域性强，经常有群间冲突发生。

◆ **生活史特征**

西黑冠长臂猿孕期可能与北白颊长臂猿相当，尚没有详细数据。雌性平均 3 年产 1 仔，8 ～ 10 岁性成熟，雌雄均迁出出生群。

◆ **种群动态**

西黑冠长臂猿在中国主要分布于云南中部的无量山和哀牢山，在云南西部和南部有少量分布。截至 2022 年，西黑冠长臂猿种群数量在全球仅存 1400 余只，在中国约有 1300 只。除无量山和哀牢山的种群得到相对较好的保护外，其他地区的种群数量不断下降接近灭绝。

◆ **保护措施**

西黑冠长臂猿已被世界自然保护联盟（IUCN）其列为极危（CR）等级物种，在中国已被列为国家一级保护野生动物。

北白颊长臂猿

北白颊长臂猿是灵长目长臂猿科冠长臂猿属的一种。又称白颊长臂猿。

◆ **地理分布**

北白颊长臂猿在中国分布于云南南部。国际上分布于老挝北部和越南北部。

◆ 形态特征

北白颊长臂猿头体长 50
厘米左右，体重 6 ～ 8 千克。
无尾。成年雄性全身黑色，
仅脸颊部有白毛，从下巴一
直延伸到超过耳朵的高度，
冠毛发达，耳朵不外漏；成
年雌性黄色，仅头顶保留一

北白颊长臂猿母子

个黑色冠斑，不明显突出，脸周有白毛，一般不连续形成脸环。新生幼
猿基本无毛，随后逐渐长成黄色，6 月龄开始变黑，颊毛变白。雄性成
年后保持黑色，而雌性性成熟后逐渐变成黄色。

◆ 生物学习性

北白颊长臂猿是典型的树栖性灵长类，栖息于海拔 200 ～ 1650 米
的常绿阔叶林、半常绿阔叶林及混合落叶阔叶林中。喜食果实，对野生
种群的食性少有研究。

北白颊长臂猿营一夫一妻制家庭式群体生活。通常一个家庭由 1 只
成年雄性、1 只成年雌性及它们的后代组成，群体大小　般不超过 5 只，
平均 3.8 只。每群占据一定领域，通过清晨的鸣叫或打斗维持领域。

◆ 生活史特征

雌性 3 ～ 5 年繁殖 1 次，孕期 200 ～ 212 天，每胎 1 仔。8 岁左右
性成熟，笼养环境下有 4 岁繁殖的记录。笼养环境下，寿命可达 45 岁。

◆ 种群动态

北白颊长臂猿在中国曾经广泛分布于云南省勐腊县、江城县和绿春县。1958 年，在勐腊县城都能听到长臂猿的叫声。20 世纪 60 年代，中国大约有 1000 只北白颊长臂猿，但在 80 年代迅速下降到 100 只左右。根据 2022 年的评估结论，北白颊长臂猿在中国已达野外灭绝的标准，其在老挝和越南的种群数量也不容乐观。世界自然保护联盟（IUCN）已将其列为极危（CR）等级物种。

山地大猩猩

山地大猩猩是灵长目人科大猩猩属的一种。

◆ 形态特征

山地大猩猩是最大的灵长类，直立身高可达 1.7 米左右，臂展达 2.75 米。雌性和雄性的体重区别比较大，雌性平均体重 100 千克，雄性平均 159 千克，笼养条件下可达 350 千克。毛色大多为黑色，不过 12 岁以上成年雄性的背毛色会变成银灰色，被称为"银背"大猩猩。

山地大猩猩是除人类外孕期最长的灵长类，长达 255 天。出产间隔一般为 3～4 年。新生儿重约 2 千克，但是比人类的婴儿发育快。3 个月后就可以爬行。幼仔一般跟随母亲 3～4 年，在这

山地大猩猩

段时间里群里的银背主雄也会照顾幼兽。雌性一般在 10 ～ 12 年后性成熟，雄性一般在 11 ～ 13 岁性成熟。平均寿命为 40 ～ 50 年。

◆ **生物学习性**

山地大猩猩常常被人们描述成很恐怖的动物，而实际上它们性情稳重好静，是人科中最偏食素的种类。在其食谱中，植物的叶、芽和茎约占 85.8%，木头约占 6.9%，根约占 3.3%，花约占 2.3%，果实约占 1.7%；动物（包括蛆、蜗牛和蚂蚁）约占 0.1%。取食的植物达 142 种，包括野生芹菜、蓟、荨麻和竹子，但只吃 3 种果实。各年龄性别的个体都会偶尔吃自己的粪便。成年的山地大猩猩平均每天需要摄取 25 千克食物，这样取食活动占了他们白天的大部分时间。移动模式为四肢行走或攀爬，陆地行走时以手指背着地；很少双足站立。

山地大猩猩营昼行性地栖生活。家域面积为 400 ～ 800 公顷，日移动距离为 100 ～ 2500 米。领地性不明显。不同群的活动域会有重复，不过一般会避免直接接触。由于叶片等主要食物来源非常丰富，因此活动范围一般较小。移动中会使用不同的叫声来确定自己群内的成员和其他的群的位置，或者威胁冒犯的来访者。雄性和雌性都会用手敲击自己胸部发出声响，这一行为不一定是攻击行为，而是向对方显示自己的存在。

山地大猩猩的社会群主要由一雄多雌的群组成（60.7%），部分群（35.7%）包含两个以上的成年雄性。群领域间有重叠。大部分雄性和 60% 雌性迁出，雄性在 11 岁左右离群，独自或和其他雄性结伴游走 2 ～ 5 年，直到吸引到雌性共建新群体。雌性在 8 岁后就会迁移到另一群体中。

银背大猩猩（成年雄性）统领其他成员移动。雌性间没有明显的等级差别。未成年个体对银背大猩猩的依赖有利于群的团结，3～5岁的幼年孤儿和银背大猩猩一起的时间是其他个体的2～3倍。银背大猩猩用吼叫、敲击拍打胸部和扔植物的行为表示威胁。一般情况下的威胁都是很温和的，除非有雌性想迁到隔壁群。杀婴和吃婴现象均有报道。山地大猩猩一天有25%的时间用于取食和午睡。

◆ **种群动态**

山地大猩猩主要分布于非洲维龙加山脉，为东部大猩猩的两个亚种之一。山地大猩猩有2个分类群：一群在中非维龙加山脉的4个国家公园，另一群则在乌干达的布温迪森林。2003年，维龙加山脉和布温迪森林这两个亚群的数量仅有680只。埃博拉病毒及人类盗猎是威胁山地大猩猩生存的两大因素。埃博拉病毒对其种群危害极大，在3次暴发中，两个研究地区的山地大猩猩死亡率达95%。山地大猩猩的繁殖力很低（种群增长速度最大为3%），恢复速度很慢。世界自然保护联盟已将山地大猩猩列为极危等级物种。

鳞甲目

中华穿山甲

中华穿山甲是鳞甲目穿山甲科穿山甲属的一种。又称穿山甲、鲮鲤。

◆ **地理分布**

中华穿山甲主要分布于中国长江以南地区的广东、广西、海南、云南、湖南、湖北（咸宁地区、鄂东南）、安徽（长江以南皖南各县）、福建、浙江、贵州、四川（筠连、马边、西昌、米易）、重庆（秀山、南川、酉阳、涪陵）、西藏（察隅、芒康）、香港、江苏（苏南宁镇山脉、茅山山脉、老山山脉、宜溧山脉等低山丘陵）、上海（金山、奉贤）、河南（豫西南淅川）、江西等地。国际上分布于越南、缅甸、尼泊尔、印度、老挝和泰国等国。中华穿山甲下分指名亚种、海南亚种和华南亚种 3 个亚种。

◆ 形态特征

中华穿山甲体形较细长，背面自额直到尾部的背腹面以及四肢外侧均覆瓦状鳞甲，似鱼鳞排列，故又称为"鲮鲤"。体背及体侧鳞片有 15 ～ 18 列，与体轴平行，腹面至尾基和四肢内侧无鳞而着生毛发。体长 33 ～ 59 厘米。头小，圆锥状。无牙齿。舌长，通常在 20 厘米以上。眼小。外耳瓣状，不发达。尾长 21 ～ 40 厘米，扁平，背部略隆起，尾侧缘有鳞片 14 ～ 20 枚。成体一般重 3 ～ 7 千克。四肢短而粗壮，前后肢均有 5 趾，爪强大、锐利，特别是前肢的中趾及第二、四趾有强大的挖掘能力，因此被叫作"穿山甲"。

◆ 生物学习性

中华穿山甲栖息于丘陵、山麓及平原的树林潮湿地带。喜炎热，能爬树。主要以蚂蚁和白蚁为食，故又被称为"食蚁兽"，以长舌舔食白蚁、蚂蚁、蜜蜂或其他昆虫。穴居生活，善于挖掘，能在地面下挖掘深达 1 ～ 5 米、洞道口径 20 ～ 30 厘米、末端巢径可达 1 米的洞穴用于居住。夜晚出洞活动 1 ～ 3 小时，一天大部分时间在洞中度过。独居，性温顺，遇敌害时将身体卷曲成球状。视听觉退化，嗅觉发达。天敌为各种猛兽、猛禽。

◆ **生活史特征**

春末夏初是中华穿山甲的发情交配季节，多冬季产仔，怀孕期6～7个月，通常每胎1仔，新出生幼仔体重通常为100～150克。幼仔伏于母兽尾背部，随之外出活动。

◆ **价值**

据《中华人民共和国药典》记载，中华穿山甲的鳞片是名贵的中药材，具有通经络、下乳汁和消肿止痛等功效，有60多种中成药含有中华穿山甲成分，市场需求量较大。除药用外，还有食

中华穿山甲成体

用价值，食用市场需求量甚至超过药用。另外，还能控制白蚁对森林的危害，维护生态平衡。20世纪90年代末，中国野生中华穿山甲资源几近枯竭，给中药企业生产带来了极大影响，以致一些中（成）药只好减量使用或取消含穿山甲的成分。

◆ **濒危原因**

过度利用和栖息地被破坏是中华穿山甲濒危的主要原因。20世纪70年代前穿山甲曾是常见的动物，之后由于对生态保护重视不够，中华穿山甲遭到大量捕猎，种群结构受到严重破坏。

◆ **保护措施**

中华穿山甲于 1983 年在中国被列为国家二级保护野生动物，2021
年升级为国家一级保护野生动物；2014 年被世界自然保护联盟物种生
存委员会列为极度濒危动物；2016 年被列入《濒危野生动植物种国际
贸易公约》（CITES）附录一中。保护中华穿山甲的迫切任务是打击偷
猎和非法利用，加强穿山甲就地保护，寻找药用穿山甲替代品，减少药
用穿山甲使用，开展人工驯养技术研究，通过家养繁殖来满足市场需求。

马来穿山甲

马来穿山甲是鳞甲目穿山甲科穿山甲属的一种。又称穿山甲、鲮鲤。

◆ **地理分布**

2005 年，中国动物学研究者吴诗宝等首次报道了马来穿山甲在中
国云南西南部与缅甸、老挝接壤的孟连和勐腊有分布，从此中国兽类增
加了一项新纪录。国际上见于印度尼西亚、马来西亚、越南、泰国、菲
律宾、柬埔寨、新加坡、缅甸和老挝等国。

◆ **形态特征**

马来穿山甲外部形态与中华穿山甲较相似，非专业人士很难区别。
但体更修长，除腹面和四肢内侧披稀疏毛发外，其余部分均披覆瓦状鳞
甲，甲间杂生有束状硬毛露出甲外，围绕体背和体侧的鳞片为 17 ～ 19
列。体长 40 ～ 62 厘米。头小，圆锥状，鼻吻部尖细。无牙齿。舌长，
通常在 20 厘米以上。眼小。外耳瓣状不发达，比中华穿山甲更小。尾
长 30 ～ 53 厘米，长于中华穿山甲的尾，尾侧缘有鳞片 20 ～ 30 枚，比

中华穿山甲多。四肢短而粗壮，前后肢均有 5 趾，中趾及第二、四趾爪强大、锐利，但前肢中爪短于中华穿山甲，没有中华穿山甲强大。

◆ 生物学习性

马来穿山甲与中华穿山甲相似，栖息于各种山林草莽甚至果园农耕地中，喜温暖湿热的环境。食性特化，也以蚂蚁和白蚁为食，但猎物种类可能与中华穿山甲有

马来穿山甲成体

所不同。嗅觉发达，通过嗅觉搜寻定位蚁巢，用长舌舔食猎物。比中华穿山甲更善于爬树栖居，用尾巴缠绕树干往上爬直达树上的蚁巢，是爬树能手。独居。马来穿山甲白天睡在树洞里或树根部，不愿像中华穿山甲那样挖洞栖居。夜晚活动，家域面积 7 公顷左右，每天活动 2 小时左右。

◆ 生活史特征

马来穿山甲与中华穿山甲不同，全年都可发情交配、产仔，没有明显的繁殖季节。1 胎 1 仔，怀孕期 6 个月左右。幼仔骑在母兽尾背部，随之外出活动，哺乳期 4 个月左右。猛兽、猛禽是它们的天敌。

◆ 经济与生态价值

在中国，由于中华穿山甲资源早已枯竭，一直大量使用来自东南亚国家的马来穿山甲甲片代替中华穿山甲入药，但马来穿山甲的甲片是否具有药用价值尚待进一步确认，因为《中华人民共和国药典》并没有马来穿山甲可入药的记载。马来穿山甲也有极大的食用价值，食用市场需

求量远比药用量大。马来穿山甲在控制白蚁对森林的危害、维护生态平衡方面也有重要作用。

◆ **濒危原因**

每年都有大量来自东南亚国家的马来穿山甲甲片通过走私进入中国药材市场。过度猎杀利用、栖息地被破坏和保护措施不力是马来穿山甲濒危的主要原因。20 世纪 90 年代以前，马来穿山甲曾经是印度尼西亚、马来西亚等东南亚国家常见的动物，受经济利益驱使，马来穿山甲遭受大量捕猎，种群结构已受到严重破坏。中国云南境内的马来穿山甲种群现状尚无调查数据。

◆ **保护措施**

马来穿山甲于 2014 年被世界自然保护联盟物种生存委员会列为极度濒危动物，2016 年被列入《濒危野生动植物种国际贸易公约》（CITES）附录一中，2021 年在中国被列为国家一级保护野生动物。查清中国境内的马来穿山甲种群现状，制定合理的保护措施，是保护其种群的首要工作。

食肉目

马来熊

马来熊是食肉目熊科马来熊属（单型属）的一种。又称太阳熊。

◆ **地理分布**

马来熊分布在东南亚热带地区，范围包括中南半岛、苏门答腊岛与婆罗洲。中国历史上分布于云南南部与西部、西藏东南部与四川局部，自 20 世纪 80 年代中后期以来，仅在云南西部接近中缅边境地区有数次确认记录。

◆ **形态特征**

马来熊为体形最小的现生熊科动物，体长 100～140 厘米，体重 25～65 千克。雄性体形较雌性略大。与其他熊类相比，头颈部较长，吻部较短，四肢相对身体比例较为细长。两耳小而圆，具发达的爪。被毛较短，整体毛色近黑，而在胸部具有新月形至近圆形的大型浅色斑，通常为白色、污黄色或茶色，形状与尺寸变异较大，具个体特异性，可用作个体识别的依据。吻鼻部颜色浅淡。齿式为 3.1.3.2/3.1.3.3。

马来熊

◆ **生物学习性**

马来熊栖息于热带森林生境中，偶见于林缘的次生林、种植园。主要在低地森林和低山区域活动，偶尔可上至海拔 2400 米。杂食性，主要取食白蚁、蚂蚁、甲虫幼虫、蜜蜂等昆虫，以及多种多样的植物果实、棕榈树芯与嫩芽，偶见捕食鸟卵、小型兽类等。不冬眠。

◆ **生活史特征**

马来熊营独居，无固定的繁殖季节，妊娠期95天左右，通常每胎1仔，偶见2仔。

◆ **濒危原因**

栖息地丧失、退化和片段化，以及非法捕猎（偷猎）是野生马来熊面临的主要威胁和致危因素。中国境内可能已无马来熊的稳定定居种群。

◆ **保护措施**

马来熊在中国已被列为国家一级保护野生动物，被《中国脊椎动物红色名录》评估为极危（CR）。马来熊还被《世界自然保护联盟濒危物种红色名录》评定为易危（VU）等级物种，被《濒危野生动植物种国际贸易公约》（CITES）列入附录一中。

大熊猫

大熊猫是食肉目熊科大熊猫属的单属单种。别称花熊、竹熊、猫熊、食铁兽等。古籍上记载的貘、貊、貔、貅等均指此兽。大熊猫是中国特有种。

◆ **地理分布**

大熊猫主要栖息于中国陕西秦岭，甘肃白水江，四川岷山、邛崃、凉山和大、小相岭的中高海拔山区。

◆ **形态特征**

大熊猫浑身黑白相间，体毛以白色为主，四肢及肩胛部为黑色，眼区有形似眼镜的黑斑，耳、鼻端和尾端均为黑色，秦岭亚种腹毛略呈棕色。体长 1.2～1.8 米，体重 50～130 千克，饲养个体可达 180 千克，一般雄性个体大于雌性。有相对锋利的爪和发达有力的前后肢，善于爬树，幼体和亚成体为躲避天敌常在高大的乔木上休息。大熊猫保留了食肉目动物的消化系统却以竹子为主要食物，其食物组成中 99% 均

成体大熊猫

为竹子，能够消化吸收竹子中 75% ~ 90% 的粗蛋白、27% 的半纤维素和 8% 的纤维素以及竹子中含量极低的粗脂肪和可溶性糖等营养物质。研究表明，大熊猫肠道微生物能在很大程度上帮助其对竹子的消化吸收。大熊猫是采食竹子的专家，为方便采食竹子，其前掌演化出一根伪拇指，由一根膨大的径向籽骨组成，极大地方便大熊猫对竹子的抓握。伪拇指的形成与 DYNC2H1 和 PCNT 基因有关。同时，大熊猫还拥有极度扩张的颧骨和发达的下颌，这赋予其强大的咬合力，能很轻松地咬断坚硬的竹秆，又大又平的臼齿和复杂的牙冠，使得其能很快地磨碎竹叶的表皮细胞从而获得细胞内容物。

◆ **生物学习性**

与其他熊类不同，大熊猫没有冬眠的习性。由于受到竹类食物资源营养的限制，它们需要不停地进食，每天有超过一半的时间都在采食。它们常常在竹丛中穿行，边走边吃还边排泄，在栖息地里几乎随处可见一团团长 10 ~ 15 厘米、直径 5 ~ 7 厘米、长圆形、两端稍尖、由碎竹片构成的粪便。随着气温和食物资源的季节变化，大熊猫有垂直迁移的习性。在中国秦岭地区，每年的 9 月到第二年的 4 月，大熊猫在低海拔地区采食巴山木竹竹叶；从 4 月中旬左右开始在低海拔地区采食巴山木竹新笋，6 月中旬又迁移到高海拔地区采食秦岭箭竹竹笋，从低海拔地区向高海拔地区迁移一般 1 ～ 2 天便能完成。随着秦岭箭竹笋的逐渐木质化，大熊猫开始大量采食秦岭箭竹的一、二年生竹叶，9 月中下旬大熊猫又逐渐向低海拔的巴山木竹区迁移。

　　由于长期在密集的竹林里生存，郁闭度高，遮挡严重，大熊猫的视觉退化严重，但听觉和嗅觉非常灵敏，个体之间也主要是通过听觉和嗅觉来进行交流。大熊猫独居，除在繁殖季节聚集和非繁殖

大熊猫采食竹叶

季节偶然遭遇外，大多数时间是通过嗅觉来进行交流的，在野外环境下主要通过肛周腺标记和尿液标记来进行个体间交流。大熊猫肛门附近有一大片的腺体分布区，能够分泌黑色的油状物质。在野外，大熊猫以不同姿势将这些物质标记在树上，形成"油桩"，也叫"嗅味站"，通过这些"嗅味站"来传递个体的身份信息（包括性别、年龄和繁殖状态等）和进行领域标记。

　　大熊猫的天敌主要是金钱豹、青鼬等食肉目动物。此外，猛禽也是幼年期大熊猫的主要天敌，如金雕。与大熊猫同域竞争的物种主要是羚牛和野猪，羚牛主要与大熊猫竞争采食竹叶，野猪与大熊猫竞争激烈的时期主要是在笋期。

◆ **生活史特征**

野生大熊猫发情交配多发生在春季，主要集中在 3 月、4 月，此时

大熊猫幼仔

往往是多个雄性个体追求一个雌性个体，雄性个体通过打斗来争夺交配权，雌性在树上、雄性个体守在树下不断发出特有的低沉的求偶叫声。大熊猫孕期较短，每年8～9月产仔，每胎产1～2仔，野生状态下往往只能养活1仔。初生幼仔很小，仅100克左右，生长发育较慢，主要靠母乳来喂养，半年后才能开始独立取食。亚成体一般3～4岁离开母亲，6～8岁性成熟，野生状态下寿命为15～20岁，但圈养大熊猫最长的寿命记录超过了30岁。

◆ **濒危原因**

栖息地的破碎化、人类干扰和竹子大面积开花枯死是限制大熊猫种群数量增长的主要因素。大熊猫仅分布在四川、陕西和甘肃的狭窄地区，由于受到自然环境的限制和人为活动的干扰，其野外种群又被分割为33个独立的隔离种群，缺少生态廊道，种群之间缺少基因交流。其中个体数量少于10只，具有高度灭绝风险的种群有18个。此外，道路建设、旅游业的发展和全球气候变化也是大熊猫种群发展和保护所面临的重大挑战。

◆ **保护措施**

大熊猫在中国为国家一级保护野生动物。自19世纪70年代末开始，随着大保护区的建立，大规模的森林砍伐已经得到禁止，大熊猫的现有栖息地得到了很好的保护，全中国大熊猫第四次调查结果显示，截至 2013 年底，全中国野生大熊猫种群数量达 1864 只，总数量比第三次调查增加了 268 只，增长了 16.8%，大熊猫的保护取得了阶段性的成就。

针对大熊猫野外种群的现状，未来的保护重点应该在于：①在保护现有种群和栖息地的同时，在隔离的种群间建立生态廊道，增加隔离种群间的交流机会。②人工饲养条件下繁殖大熊猫是延续其种系的一个重要途径，在扩大圈养种群的同时，可以对圈养个体进行放归，在大熊猫曾经的分布区及其适宜生存的地区进行放归，进一步扩大其分布和种群，在不破坏特定地区遗传多样性的基础上可以考虑对被隔离的极小种群进行人为补充。③进一步加大对大熊猫行为、生理、生态、遗传和基因组学方面的研究，只有有了充分的了解，才能针对性地对其进行保护和管理。

紫 貂

紫貂是食肉目鼬科貂属的一种。别称黑貂、林貂、貂、貂鼠、赤貂、大叶子。

◆ 地理分布

紫貂在中国仅分布于黑龙江的大兴安岭、小兴安岭、老爷岭、张广才岭、完达山，吉林的长白山，辽宁的林海雪原，以及新疆北部的阿尔泰山地等地，呈间断性分布。国际上分布于芬兰、日本（北海道）、韩国、朝鲜、蒙古国、波兰和俄罗斯。

◆ 形态特征

紫貂形似黄鼬。体长 30 ～ 40 厘米，后足一般为 7 ～ 8 厘米，尾长

仅及体长的 1/3。四肢短健,后肢比前肢稍长,前后肢均具 5 趾,趾行性,
爪尖利而弯曲。耳大直立,略呈三角形。尾毛蓬松。紫貂全身为灰褐色、
黄褐色或黑褐色。头颈部毛色较体躯部浅淡,耳缘污白色,喉胸部具茧
黄色、淡黄色或橙色斑。腹部较体被、体侧色淡。四肢及尾色泽稍深。

◆ **生物学习性**

紫貂主要生活在海拔 800 ～ 1600 米的气候寒冷的亚寒带针叶林与
针阔叶混交林地带,地处北纬 51°以北。食物以小型鸟兽为主,也采
食昆虫及松子、浆果等植物性食物。

紫貂善于攀树,行动敏捷灵巧,活动于密林深处。筑巢于石缝、树
洞及树根下。通常营定居生活,但因食物的丰度和气候变化而常游荡迁移。
活动范围在 1 ～ 2 平方千米,最大可到 5 ～ 10 平方千米。主要天敌是青
鼬和猛禽。在冬末春初有假发情现象,真正的发情交配期是 6 ～ 8 月。

◆ **生活史特征**

紫貂的妊娠期为 244 ～ 270 天,受精卵有滞育期,至翌年 3 ～ 5 月
产仔。每胎产 2 ～ 4 仔,最多 7 仔。

◆ **经济价值**

紫貂为珍贵而稀有的毛皮兽,在中国被誉为东北三宝(人参、貂皮、
鹿茸)之一。紫貂皮历来是毛皮中的珍品,被誉为毛皮之冠。在国际市
场上,紫貂皮价格一直比较平稳。随着世界范围内需求量的增加,养殖
紫貂将具有广阔的发展前景。

◆ **保护措施**

紫貂已被列入《世界自然保护联盟濒危物种红色名录》(2008 年)

ver3.1——无危（LC），《中华人民共和国野生动物保护法》已将紫貂列为国家一级保护野生动物，且已被列入《中国濒危动物红皮书》濒危（EN）等级物种名录中。

貂　熊

貂熊是食肉目鼬科貂熊属的唯一一种。别称狼獾。

貂熊的外形似獾，尾似貂，足掌类熊，性似狼，被称为食肉动物中的"四不像"。头部长圆，吻端粗短，耳短而直立，尾短但尾毛长而蓬松，四肢短而强健，跖行性，掌面较大。婚配制度为"一夫多妻"制。雌性每年仅发情 1 次，一般在秋季交配，受精卵发育有滞育现象，直到 12 月至翌年 3 月才着床发育，1 ～ 4 月产仔，每胎 2 ～ 5 仔。

栖息地恶化和消失是对貂熊致命的威胁。20 世纪 60 年代以来，由于大兴安岭被开发，导致大片森林被伐。加之大面积森林火灾，人口迅速增长，各种生产活动急剧增加，严重地侵吞和破坏了貂熊的生境。在中国被列为国家一级保护野生动物。

貂熊

大灵猫

大灵猫是食肉目灵猫科灵猫属的一种。又称九江狸、九节狸、灵狸。

◆ **地理分布**

大灵猫在中国广布于热带与亚热带地区，包括甘肃南部、四川、安徽南部、浙江、福建、江西、湖北、湖南、广东、海南、广西、贵州、云南、陕西秦岭地区，以及西藏东南低海拔地区（察隅、波密、墨脱、林芝、米林、错那等地）等地。

◆ **形态特征**

大灵猫体形细长，比家猫大得多，大小与家犬相似，成年体重6～10千克，体长60～80厘米，最长可达100厘米。头略尖，耳小，额部较宽阔，吻部稍突，前足第三、四趾有皮瓣构成的爪。体毛

大灵猫

为棕灰色，带有黑褐色斑纹，口唇灰白色，额、眼周围有灰白色小麻斑。背中央至尾基有一条黑色的由粗硬鬃毛组成的纵纹，颈侧和喉部有3条显著的波状黑领纹，其间夹有白色宽纹，腹毛浅灰色。四肢较短，黑褐色，尾长超过体长的一半，尾具5～6条黑白相间的色环，末端黑色。

◆ **生物学习性**

大灵猫生性孤独、机警，喜夜行，听觉和嗅觉都很灵敏，昼伏夜出，行动敏捷，听觉灵敏，性狡猾多疑。除繁殖期外，基本上独居生活。食性较杂，包括动物性食物和植物性食物，但对植物的消化能力差。尽管多数时间在地面，但也可爬树觅食。白天主要在其他动物挖掘或遗弃的

洞中睡觉。具有领地性，用肛门腺喷射出的液体标记领地。

◆ 濒危原因

20 世纪 50 年代，中国大灵猫的资源估计超过 20 万只；后经长期过度捕杀，种群数量迅速下降；至 80 年代初，中国大灵猫的自然种群数量不足 2 万只；90 年代初，浙江、江西、安徽南部、贵州等地已十分罕见，大灵猫种群在中国已濒危。

◆ 保护措施

大灵猫已被中国列为国家一级保护野生动物，还被列入《濒危野生动植物种国际贸易公约》（CITES）附录三中。

熊　狸

熊狸是食肉目灵猫科的一种。又称貉獾、熊灵猫。

◆ 地理分布

熊狸在中国分布于云南和广西。国际上遍及东南亚。

◆ 形态特征

熊狸是亚洲最大的灵猫科动物。头体长 52～90 厘米，尾长 52～89 厘米，后足长 10～13.5 厘米，耳长 4.5～6.5 厘米，颅全长 11.3～15.5 厘米。体重 9～14 千克。体态粗胖，似熊，有长而蓬松的毛发，通常黑色，并混有淡棕色毛。耳上有长毛组成的耳簇，伸向耳外。雌性一般比雄性重 20%，也更大。耳前缘通常白色。眼睛一般为浅红褐色。头骨的额骨腔巨大，使头骨呈拱形，眶内区膨胀（尽管个体间有显著差异）。牙齿退化，钉状。门齿略微弯曲，彼此分离，从前颌骨向前凸出，且钝，而不是像其他典型的食肉动物那样呈竹片状。

◆ 生物学习性

熊狸为树栖性。生活在海拔 800 米以下茂密的热带雨林和季雨林中。以植物果实为主要食物，特别是榕属植物的果实，也食卵、嫩芽和树叶，偶尔捕食鸟类、啮齿类和其他小型动物。可潜

休息中的熊狸

水捕鱼。在东南亚，熊狸是重要的种子传播者。活动缓慢，夜行性。独栖或成年后与未成熟的后代组成小群，几乎总是雌性占优势地位。雄性有时和雌性交配甚至产仔之后生活在一起。幼体可用其尾悬挂。熊狸在地面显得很笨拙，大部分时间在树上。

◆ 生活史特征

熊狸一年四季均可繁殖，一般每胎 2 ～ 3 仔，妊娠期 90 ～ 92 天，2 ～ 2.5 岁性成熟。

◆ 濒危原因

栖居生境被砍伐和破坏是造成熊狸濒危的主要因素。特别是 20 世纪 70 年代以后，中国广西和云南南部大部分热带、南亚热带原始森林被开垦和破坏，使熊狸的大部栖息生境被毁，造成那些地区的熊狸消失或减少。此外，中国为熊狸分布的边缘地带，种群数量少，分布区割裂也是其致危的因素。

◆ **保护措施**

熊狸在中国所栖息的地区大多已建有自然保护区对其进行保护，其中云南屏边大围山自然保护区、西双版纳自然保护区、沧源南滚河自然保护区和盈江铜壁关自然保护区等 4 个自然保护区中栖息有熊狸，保护区面积达 29.8 万公顷。熊狸已被中国列为国家一级保护野生动物（1989）；已被列入《中国濒危动物红皮书》（1996），评估等级为濒危（EN）；已被列入《中国物种红色名录》，评估等级为极危（CR）；已被列入《世界自然保护联盟（IUCN）红色名录》（2008）。

荒漠猫

荒漠猫是食肉目猫科猫属的一种。又称漠猫、草猞猁、中国山猫。

◆ **地理分布**

荒漠猫模式产地在四川康定附近。中国猫类特产种，动物园饲养者极少。中国分布于新疆、青海、内蒙古、甘肃、四川、宁夏及陕西等地。国际上仅分布于蒙古国。

◆ **形态特征**

荒漠猫体形较家猫大。体长 60～80 厘米，尾长 23～35 厘米。四肢略长，四足掌面具有硬而密的褐黑色长毛，几遮覆足掌面。头部灰白，体背和四肢外侧呈

荒漠猫

浅黄灰色，背中部略具暗红棕色泽。冬季体背疏落地布满黑色或暗褐色长峰毛，颇显著，为其特点之一。耳端生有一撮长约 20 毫米的短毛。颊部有两斜行暗褐色条纹，两纹间呈亮灰色。腹面暗黄色，颌白色。仅前胸部淡黄褐色，背腹面毛色无明显界限。尾似背色，其背部有 3 ~ 4 条暗棕色纹，尾尖端黑色。

◆ 生物学习性

荒漠猫栖息在海拔 2800 ~ 4000 米的黄土丘陵、干草原、荒漠、半荒漠、草原草甸、山地针叶林缘、高山灌丛和高山草甸地带，也在雪地上活动。生活有规律，晨昏夜间活动，白天休息。主要捕食一些小型动物，以啮齿动物为主，还捕食鸟类和雉鸡。在高山裸岩地带和阴坡的云杉林中，由于植物贫乏，啮齿类数量稀少，故没有其踪迹；在柏木疏林和高山灌丛一带，由于食物和隐蔽条件良好，啮齿动物数量多，其活动痕迹常见。性孤僻，除交配期（1 ~ 3 月）外，营独居生活。

◆ 生活史特征

荒漠猫在洞穴中繁殖，每个繁殖洞只居住 1 只雌性及其哺育的幼仔。交配期在 1 ~ 2 月。交配动作似家猫，雄性排精时发出一种尖而细的特殊叫声。怀孕期约 3 个月，4 ~ 5 月产仔，每胎 2 ~ 4 仔。在饲养条件下，2 岁达性成熟，每胎产 2 仔。

◆ 经济价值

荒漠猫能大量消灭鼠类，有益于农林牧业；还可作为观赏动物，全世界动物园中只有中国西宁动物园有 8 只展出。

金 猫

金猫是食肉目猫科金猫属的一种。若以体纹斑驳为古老特征，那么中国南方地区则可能是金猫属的起源地。

荒漠猫体形中等，体长 90 厘米，尾长 50 厘米，体重 12～16 千克。头部两眼内各有一条白纹，额部具有带黑边的灰色纵纹，延伸至头后。体毛多为棕红或金褐色，也有一些变种为灰色甚至黑色。通常斑点只在下腹部和腿部出现，某些变种在身体其他部分会有浅浅的斑点。在中国有一种带斑点的变种，与豹猫十分相似。

金猫种群分布不零散，种群数量呈下降趋势。面临的主要威胁是森林破坏和非法狩猎，这两种威胁在其整个分布范围内十分普遍，但是人们对其威胁的规模和程度知之甚少。

金猫

金猫皮张在中国和缅甸是大宗商品，因此在这两个国家存在很高的狩猎压力。

金猫已被《世界自然保护联盟濒危物种红色名录》（2015）列为近危（NT）等级物种。

云 豹

云豹是食肉目猫科云豹属的一种。

◆ 地理分布

云豹在中国主要分布于亚热带和热带林区，北限在陕西秦岭、河南洛阳及甘肃南部，西至西藏察隅等地，南止于海南，东至浙江及台湾。江西、湖北、湖南、福建、四川、贵州、广东及云南等地都有分布。国际上，分布于尼泊尔、不丹、印度阿萨姆地区、中南半岛、马来半岛、印度尼西亚、苏门答腊岛和加里曼丹岛。

◆ 形态特征

云豹头体长 70 ～ 108 厘米，尾长 55 ～ 91.5 厘米，后足长 20 ～ 22.5 厘米，耳长 4.5 ～ 6 厘米，颅全长 15 ～ 20 厘米。体重 16 ～ 32 千克。背部和体侧有独特的云朵状花斑。皮毛基色是均一的浅蓝色到灰色，并在体侧有大的云状斑块。两条间断的黑色条纹从脊柱延伸到尾基部。颈上有 6 条纵纹，始于耳后。四肢和腹侧有大的黑色椭圆形斑块。头冠有斑块，鼻吻部白色，从眼和嘴角延伸到头侧面有深色条纹。耳短而圆，耳后黑色并有浅灰色斑点。黑眼圈向后变为黑条纹穿过面颊。尾粗且多毛，最初是斑点，接近尾端时变成黑色的环。尾长接近头体长。

听泡类似猫亚科，其内的腹端扩展区小（小于 1 厘米），位于外耳道下方（在豹属和雪豹属中，它的后部大于 1 厘米）；枕侧突向后凸出。鼻孔相对较窄（颅基长的 16%）；颧骨宽小于 13 厘米；齿列长度小于 6 厘米。吻突无论是绝对长度（小于 5.8 厘米）还是相对长度（小于颅基长的 36%）都是豹亚科中最短的。牙齿是猫科动物中最长的，第二上前臼齿通常缺如。

◆ **生物学习性**

云豹主要栖息于原始常
绿热带雨林，但也见于次生
林和采伐林中。曾记录在喜
马拉雅山海拔 1450 米的地
方，也见于台湾岛海拔 3000
米的针叶林。尽管并不常见，
但它们也在草原、灌丛、雨

云豹

林及红树林沼泽中有被发现。有报道云豹捕食椰子猫、猪、雉鸡类、
猕猴、长臂猿、小型哺乳动物和鸟类，并会袭击鸡舍。夜行，独居。
主要在地面捕食，但它们是最为高度树栖的猫科动物之一。能头朝下
地下树，能在树枝间翻转穿行，能用后足倒挂在树枝上。擅长游泳，
可成对捕猎。

◆ **生活史特征**

云豹 2 岁性成熟，妊娠期 94 天，平均每胎 3 仔。

虎

虎是食肉目猫科豹属的一种。又称老虎。

◆ **地理分布**

普遍认为虎种下有 9 个亚种，即东北虎（西伯利亚虎）、华南虎、
印度支那虎、马来亚虎、苏门答腊虎、孟加拉虎、里海虎、巴厘虎及爪
哇虎，其中后 3 种已经灭绝。虎为亚洲特有种类，分布范围极广，从外

兴安岭针叶林到开阔的草地及热带沼泽都有发现。

◆ **形态特征**

虎是世界上现存体形最大的猫科动物。毛色浅黄色或棕黄色，伴有黑色横纹。头圆，耳短，耳背面黑色，中央有一显著白斑。四肢健壮有力。尾粗长，具黑色环纹，尾端黑色。

◆ **生物学习性**

虎是独居的大型食肉动物，在野外偏爱捕食大型和中型有蹄类动物。能很好地适应南方的热带雨林、常绿阔叶林，北方的落叶阔叶林和针阔叶混交林，是典型的山地林栖动物。在中国东北

虎

地区也常出没于山脊、矮林灌丛和岩石较多的区域或砾石塘等。对其猎物种群的数量没有或仅有少量不利影响。

◆ **生活史特征**

虎一年四季都可以交配，但从 11 月到次年 4 月较常见。雌性的动情期只有几天，并在此期间频繁交配，怀孕期为 15 ～ 16 周，每窝产 3 ～ 4 仔。

◆ **濒危原因**

20 世纪初，全世界的野生虎约有 10 万只，但至 20 世纪末数量已急剧减少到 1500 ～ 3000 只。已有 3 个亚种先后灭绝，其余亚种分布区已经极度缩小，分布区分离十分严重，种群数量下降，处于濒危状态。

栖息地丧失、非法盗猎、遗传多样性的威胁等都是野生虎种群所面临的严峻问题。作为顶级捕食者，虎通常是所在生态区域的旗舰物种，也是生态质量的指标物种。在其栖息地的生物圈和食物网中起着不可替代的重要作用。

◆ **保护措施**

虎已被世界自然保护联盟（IUCN）列入《2011年濒危物种红色名录》列为濒危（EN）等级物种，还被列入《濒危野生动植物种国际贸易公约》（CITES）附录一中。在中国，1993年5月29日，国务院发布《关于禁止犀牛角和虎骨贸易的通知》；2002年拯救中国虎国际基金会与中国林业局签署中国虎野放计划协议。野生东北虎的保护正在被中国政府重视，为更好地保护其栖息地，已建成吉林珲春东北虎国家级自然保护等。

雪 豹

雪豹是食肉目猫科雪豹属的唯一种。又称草豹、荷叶豹、艾叶豹。由于常在雪线附近和雪地间活动，故名。

◆ **地理分布**

雪豹原产于亚洲中部山区，天山等高海拔山地是雪豹在中国的主要分布地。中国境内的野生雪豹数量为2000～3000只，占世界总量的1/3～1/2。

◆ **形态特征**

雪豹在大型猫科动物中属于中等体形，有在寒冷的山区生长的生物特征。身体粗壮，毛厚，耳小，这些都有助于减少身体热量的散发。虹膜呈黄绿色，强光照射下会缩为圆状。皮毛为灰白色，特别细软浓密，颈下、胸部、腹部、四肢内侧及尾巴下部均为白色，皮毛上有黑色斑点和黑环。相对长而粗大的尾巴（约为体长的 3/4）成为与其他相似物种区分的明显特征。

◆ 生物学习性

雪豹敏感、机警，喜欢独行。夜间活动，远离人群和喜欢高海拔山地的生活特性使其行为特征难以为人所详知。为高原地区的岩栖动物，主要生境为高山裸岩、高山草甸、高山灌丛和山地针叶林缘 4 种类型，从不进入森林之中。每日清晨及黄昏为雪豹捕食、活动的高峰，其动作非常灵活，善于跳跃。以岩羊、北山羊、盘羊等高原动物为主食，也捕食高原兔、马鸡

雪豹

等小动物，在食物缺乏时会盗食家畜、家禽。猎食往往采取伏击或偷袭的方法。

◆ 生活史特征

雪豹多成对同居。在春季交配，妊娠期 98～103 天，于 4～6 月产仔，每胎通常可产 2～3 仔。雌性每次的生育间隔约为 2 年。寿命一般可超过 10 年。

◆ 濒危原因

雪豹是重要的大型猫科食肉动物和旗舰种，因处于高原生态食物链

的顶端，被称为"高海拔生态系统健康与否的气压计"。由于非法捕猎、栖息地缩小等多种人为因素，雪豹的数量正急剧减少，已成为濒危物种。

◆ **保护措施**

在中国，雪豹为国家一级保护野生动物，已被中国物种红色名录评为极危（CR）等级物种，被中国红皮书评为濒危（EN）等级物种。在国家上，雪豹已被列入《濒危野生动植物种国际贸易公约》（CITES）附录一中。

全世界正在实施保护雪豹行动计划，进而保护整个高山地区的动物区系和生态系统。中国西安动物园已成功繁殖雪豹，国际上也有一些动物园成功地繁殖了雪豹，这为雪豹种群的人工养护提供了支撑。

豹

豹是食肉目猫科豹属的一种。又称金钱豹、花豹。

◆ **地理分布**

豹的分布范围较为广泛，从非洲南部到中亚、东亚，再到东南亚，北到中国东北以及俄罗斯，都有它们的踪迹。

◆ **形态特征**

豹在豹属动物中体形较小，略大于雪豹。头圆，颈短，耳背黑色，上有明显白斑，耳尖黄色。四肢强壮，前足5趾后足4趾，具有可伸缩角质化的灰白色锐爪。头部毛短，鼻端裸露。颈背部有黑斑点和黑斑环，嘴侧上方各有两排斜形白色胡须。不同分布区的豹毛皮颜色深浅不同，通常背部黄色最深。虹膜黄色，夜视力强，月光下眼内会有磷光闪耀。

◆ 生物学习性

豹为独居动物，具有很强的领地性，同性个体家域不重叠，一只雄性个体家域会与一到多只雌性个体的家域重叠。不同地区的豹因为猎物密度不同拥有大小不一的领地范围，通常认为领地内豹的数量和猎物的数量比在 1 ∶ 90 到 1 ∶ 300 之间。豹约有 90 种不同的猎物，主要包括有蹄类

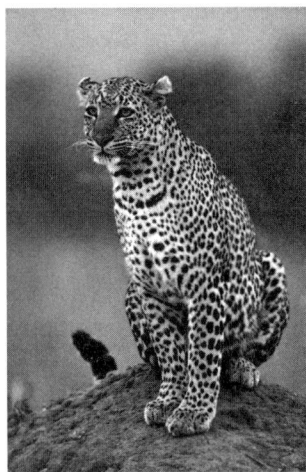

成年豹

动物、鸟类及猴子等。和其他猫科动物一样，豹会在密林的掩护下潜近猎物并且突然袭击，攻击猎物的颈部或口鼻部，令其窒息。

◆ 生活史特征

雄性和雌性豹都有可能同时拥有不止一位伴侣，不同地区的豹交配繁殖期不相同，孕期约 3 个月，每胎 2 ～ 3 仔，初生幼体 500 克左右，幼仔 12 ～ 18 个月离开母豹，独立生活。约 3 年性成熟。寿命 10 ～ 20 年。

◆ 濒危原因

由于豹是行踪隐秘的动物，统计它们的野生数量有相当的难度。但因栖息地丧失或被分割，食物资源被人类掠夺，再加上商业捕猎或被视为害兽，其种群规模和分布范围正在缩小，基因多样性持续下降。

虽然被称为天生的猎手，但亚洲地区很多豹的栖息地与虎相同，猎物又有 80% 的重叠，使得体形较小的豹一再避让，加剧了与当地居民的冲突。同时，豹的毛皮在市场上价值很高，导致非法盗猎屡禁不止，

其生存状况不容乐观，其中多个亚种都处于濒危状态。

◆ 保护措施

豹于 1975 年被列入《濒危野生动植物种国际贸易公约》（CITES）附录一中。世界自然保护联盟（IUCN）2019 年将豹评估为易危（VU）等级物种。1988 年 12 月 10 日，豹被中国列为国家一级保护野生动物，严禁捕杀。为维持圈养豹的种群数量，已有针对各亚种的保护计划。例如，东北豹已被 IUCN 列为极危（CR）等级物种，并受到美国物种生存计划（SSP）的保护。

长鼻目

亚洲象

亚洲象是长鼻目象科亚洲象属的一种。

◆ 地理分布

亚洲象在中国仅分布在云南西双版纳、临沧和普洱。国际上主要分布于南亚和东南亚，包括印度、斯里兰卡、缅甸、泰国、老挝、越南、柬埔寨和马来西亚等国。

◆ 形态特征

成年雄性亚洲象平均肩高 2.75 米，平均体重 4 吨；雌性平均肩高 2.4 米，平均体重 2.7 吨。全身深灰色或棕色，躯干部、耳朵和颈部皮肤有褪色现象，体表有毛发。头盖骨很厚，头骨内部呈蜂窝状，可有效减轻颈部的负担。前额左右有两大块隆起，俗称"智慧瘤"，站立时最高点位于头顶，大脑可重达 4 千克，堪称现存陆生动物之最，具有复杂的脑皮层且记忆尤为发达。耳大，有丰富的血管，顶端有毛刷，褶皱很多，常用次声波联络。背部向上弓起，四肢粗壮，几乎垂直于地面，四足均具 5 趾，前足通常为 5 枚趾甲，后足通常为 4 枚趾甲。象鼻是鼻子和上唇的延长体，鼻孔位于其末端，顶端有一指状突起，上有丰富的神经细胞。狭义上的象牙是指第二对上门齿突出口外，雄象的门齿较雌象更发达，可长出唇外，而雌象的门齿一般短且不外露。和人类一样，象一生也有 2 套牙齿，即 1 套乳齿和 1 套恒齿，各 12 枚。乳齿与恒齿分别包括 3 组乳前臼齿与 3 组臼齿——象口中同时通常只有 4 枚颊齿（俗称"磨牙"），伴随年龄增长，靠前的颊齿经历磨损，逐渐被从后方萌出的新生颊齿替换。前 3 枚颊齿通常在 10 岁左右即磨损殆尽，最后一枚颊齿约在 40 岁萌出，直至死亡。

成年亚洲象

◆ **生物学习性**

亚洲象主要栖息于稀树草原、热带常绿林、落叶林和热带旱生林等地，除此之外，在耕地、次生林和灌木丛也有出没。常在海拔 1000 米以下地区活动，但也会出现在海拔超过 3000 米的地区。以植物的嫩叶、树叶、茎秆为食，食谱较广，包括芭蕉科、禾本科等十余科 100 多种植物，成年个体每天需要 150 千克的植物性食物。亚洲象喜群居，每群数头乃至数十头不等，由一头成年雌象作为群体的首领带着活动。雄象在成年后离群生活，除发情期外通常单独活动。象群没有固定的住所，活动范围很广，活动高峰期一般在早晨和黄昏。

◆ 生活史特征

亚洲象繁殖率较低，5～6年繁殖1次，孕期为18～22个月，每胎一般只产1仔，幼仔体重一般100千克左右，出生后由母象和象群中其他雌性成员一同照顾，幼仔的哺乳期大约需要2年，雄象在10～17岁时达性成熟，雌象在9～12岁时达性成熟。平均寿命可达60岁。

◆ 濒危原因

栖息地退化、碎片化，人象冲突，盗猎，非法象牙贸易等均导致了亚洲象种群数量的下降。

◆ 保护措施

亚洲象在中国《国家重点保护野生动物名录》中被列为国家一级保护野生动物；已进入世界自然保护联盟（IUCN）2012年濒危物种红色名录，还被列入《濒危野生动植物种国际贸易公约》（CITES）附录一中。

奇蹄目

印度犀

印度犀是奇蹄目犀科犀属的一种。别称大独角犀。

◆ 地理分布

印度犀是分布于印度次大陆的大型食草兽类，鼻部上方生有1只角。

现分布于尼泊尔和印度的部分地区。历史上曾在印度次大陆北部以及中南半岛的广大区域生存。

◆ **形态特征**

印度犀体形壮硕，皮肤多为棕灰色并具圆钉状疣突，被毛稀少而硬。平均体重1600（雌）～2200千克（雄）。体长3～4米，肩高1.5～2.0米。皮厚实、粗糙，肩腰等处褶皱明显。耳呈卵圆形，头粗长，颈粗短。鼻上部长有1只实心的角。

印度犀

◆ **生活史特征**

印度犀栖息于亚洲低海拔的湿地。除交配期和带仔期外，一般独居。善水性。雄性有领域性。以草类为食。奔跑速度可达55千米/时。打斗时用牙而非角。4～5岁性成熟。每3年1胎，每胎1仔。寿命一般40年左右。除人类，成年犀没有天敌，未成年个体偶尔会被虎捕食。

◆ **种群动态**

印度犀在3种亚洲犀中数量最多，2015年，野外有3000多头，大部分分布在印度，小部分在尼泊尔。历史上曾在亚洲南部湿地及其邻近林地都有分布，由于人类土地开垦和狩猎活动，到20世纪初其栖息地大幅缩减，数量也减少到几百头，几近灭绝。与此同时，印度和尼泊尔开始对其进行立法保护，采取了禁止狩猎和建立保护区等一系列措施。

通过近百年的不懈努力，印度犀种群逐步恢复。历史上，印度犀角是珍贵的工艺品和传统医药原料。

◆ **保护措施**

印度犀在分布国都受到了严格的保护。《濒危野生动植物种国际贸易公约》（CITES）将其列入禁止商业性贸易的附录一中，中国已禁止犀角的利用和贸易。中国在 2015 年将其评定为在中国"区域绝灭"物种。中国学者曾多次呼吁重新引入并恢复印度犀种群。

爪哇犀

爪哇犀是奇蹄目犀科犀属的一种。又称小独角犀。

◆ **地理分布**

爪哇犀是分布于亚洲南部的大型食草兽类，鼻部上方生有一只角。仅分布于印度尼西亚爪哇岛上的局部区域，历史上曾在印度次大陆以及东南亚许多国家有分布。有学者认为爪哇犀在古代也曾广泛分布于中国长江中下游的以南地区，20 世纪初才从中国境内消失。

◆ **形态特征**

爪哇犀的体形壮硕，略小于印度犀。皮肤多为棕黑、灰黑色，并具疣突。除耳尖和尾端明显有毛外，身体其他部分几乎无毛。平均体重1500 千克左右。体长 2 ～ 3.5

爪哇犀

米，肩高约 1.5 米。皮厚实、粗糙，肩腰等处褶皱明显。耳呈卵圆形，头粗长，颈粗短。鼻上部有一只低矮的实心角，成年雌性角通常不明显，其角较印度犀小，因而又被称为小独角犀。

◆ 生物学习性

爪哇犀栖息于潮湿的森林，以及沼泽、河岸生境。除带仔期和交配期外，一般独居。喜泥浴。雄性有领域性。植食性，食物包括草类以及木本植物的芽、嫩枝叶等。每胎 1 仔。寿命为 40 年左右。

◆ 种群动态

爪哇犀现有数量为 5 种犀牛中最少的，不到 100 头，在野外已近灭绝的边缘，其濒危原因主要是人类的猎捕和土地开发。从 20 世纪初开始，爪哇犀开始从一些原分布国消失，21 世纪初越南野外还有爪哇犀存在，最后一头于 2010 年死亡。

◆ 保护措施

爪哇犀受到分布国和国际的严格保护。《濒危野生动植物种国际贸易公约》（CITES）将其列在禁止商业性贸易的附录一中，中国在 2015 年将其评定为在中国"区域绝灭"物种。中国学者曾指出重新引入并恢复在中国"区域绝灭"物种的可能性。

偶蹄目

黑 麂

黑麂是偶蹄目鹿科麂属的一种。别称青麂、红头青麂、乌金麂、蓬头麂。

◆ **地理分布**

黑麂在中国分布于浙江西部、安徽南部、江西和福建的交界山区，2004 年在中国西藏的达木和察隅也发现了黑麂。

◆ **形态特征**

黑麂成体体重 21 ～ 26 千克，背部毛为暗褐色，腹面白色，尾较长，尾背面黑色，头顶角间有棕色毛簇。雄性具角，雌性无角。角较小，角柄较长，仅有一叉。

◆ **生物学习性**

黑麂主要生活在海拔 1000 米左右山区的常绿阔叶林、常绿落叶阔叶混交林和灌丛中，取食木本植物的叶和嫩枝，冬季也会采食种子。常以 2 ～ 3 头的家族群活动。

成年雄性黑麂

◆ **生活史特征**

雌性黑麂 6 ～ 8 月龄性成熟，雄性 10 ～ 12 月龄性成熟，全年可繁殖，产仔高峰发生于夏秋季，每窝产 1 仔，雌性的生育年龄最高纪录为11 月龄。

◆ **濒危原因**

由于以往的捕捉压力、栖息地数量和质量下降，黑麂的种群数量不断下降。1978 年的调查显示当时黑麂总数为 7000 ～ 8000 头，之后黑麂数量更加稀少，分布区域割裂严重，处于濒危状态。

◆ **保护措施**

黑麂在中国为国家一级保护野生动物，已被世界自然保护联盟（IUCN）红皮书列为易危（VU）等级物种，还被列入《濒危野生动植物种国际贸易公约》（CITES）附录一中。对于黑麂的野外种群保护，首先要保障一定面积的栖息地存在，尤其是面积 10 平方千米以上的山区。其次，要严格禁猎。黑麂偏好活动在隐蔽的生境，在其分布区域需控制人类活动。

豚　鹿

豚鹿是偶蹄目鹿科花鹿属的一种。豚鹿奔跑时的姿势从后面看上去很像猪，几乎没有见到像鹿那样的跳跃奔跑，故名"豚鹿"。

◆ **地理分布**

豚鹿在中国分布于与缅甸交界的耿马傣族佤族自治县和西盟佤族自治县一带。国际上分布于印度、尼泊尔和斯里兰卡。

◆ **形态特征**

根据中国的豚鹿动物标本，豚鹿体形为中等大小，体重 35～50 千克，体长 100～115 厘米，尾巴长 17 厘米，肩高 60～70 厘米。四肢较短，臀部钝圆。全身毛色淡褐色，腹部和鼠蹊部的毛灰色。夏季的背脊两侧各有纵向分布的灰白色斑点，体侧灰白色斑点分布没有规则。雄鹿有角，角形简单。几乎在主干角起始部位就分出眉叉，在角端处再分出第二个叉。

◆ **生物学习性**

在印度，常可以见到结成 5～10 只小群的豚鹿，鹿群由成年雌鹿带领。豚鹿的栖息地是草地和开阔的森林，几乎不到茂密的森林中活动。每天清晨和黄昏是它们采食的高峰时段，地面生长的草本植物和掉落在地面上的树叶是其主要食物，很少采食灌木的枝条。当气温升高后豚鹿在树林中休息、反刍。遇高温天气，会在夜间采食。

◆ **生活史特征**

豚鹿全年都可以发情交配，但是多数个体在 9～10 月繁殖。孕期 8～8.5 个月，每胎 1 仔，偶产 2 仔。母鹿外出时小鹿会在草丛中隐蔽，等待母鹿回来哺乳。如果当年生的小鹿没有成活，母鹿

雄豚鹿

会马上进入下一个繁殖周期。因此，在鹿群中会看到个体相差很大的小鹿。小鹿跟随母鹿长到 1 岁后会离开母亲，但是多数个体在 2 岁后离开母亲。母鹿 14～17 月龄时性成熟，进入繁殖期。在动物园中寿命最长的豚鹿存活了 20 年零 9 个月。

◆ **种群动态**

20 世纪 60 年代，中国的动物学家在河流两岸的芦苇沼泽地中见到十余只豚鹿，其后豚鹿的数量不断减少。尚无资料证明其在中国是否依然存在。在豚鹿分布的其他国家中，种群数量都非常稀少。20 世纪 70 年代以后，在豚鹿的分布国家中再没有见到过其野生种群。栖息地破坏和狩猎是造成该物种濒临灭绝的主要原因。

◆ **保护措施**

豚鹿数量稀少，已被世界自然保护联盟（IUCN）列为濒危（EN）等级物种。豚鹿在中国属边缘分布，数量极为稀少，是国家一级保护野生动物。可采取如下保护措施：①彻底调查豚鹿种群在中国的生存状况，如果还有个体存活，应加大保护力度，坚决杜绝任何狩猎活动，并保护其现有的栖息地。②采取必要措施，从国际上引进豚鹿个体，建立人工繁育种群，采用人工干预技术，恢复豚鹿种群的数量，最终恢复野生种群。

白唇鹿

白唇鹿是偶蹄目鹿科的一种。又称黄臀鹿、白鼻鹿。中国特有的鹿种。

◆ **地理分布**

白唇鹿分布在青藏高原及其边缘地带的高山草原地区，包括中国青海、甘肃、四川西部、西藏及云南北部。白唇鹿为典型的生活在高原的鹿种，在鹿类动物演化史中有重要的地位。

◆ **形态特征**

白唇鹿体形与马鹿和水鹿相似。雄性重 200 千克左右，雌性 150 千克左右。只有雄性头顶生有分出 4～6 个叉的角。全身毛发为黄褐色，没有白色斑点，臀部的毛为黄色。唇（及周围）和

雄白唇鹿

下颌为白色，有的个体白斑扩散至鼻部。因此，得名黄臀鹿、白唇鹿。鼻子比其他鹿种明显偏大，该特征与其生活的青藏高原氧气稀薄有关。

◆ **生物学习性**

在青藏高原黄河流域范围内，白唇鹿分布区域的地势比较平坦、开阔，海拔高度为 4000 ～ 5000 米的草原是白唇鹿群活动的栖息地。但是，在青藏高原、澜沧江、怒江及雅鲁藏布江流域范围内的青海南部、四川及西藏等地的山脉起伏大。白唇鹿在这些区域里，既可以在海拔超过 6000 米的草原上活动，也会出现在海拔低于 3000 米的低山林缘地区。

白唇鹿为集群生活，群体大小与其栖息场所的环境有关。在开阔的环境中可以出现超过百只的大群，但通常群体在 30 ～ 50 只。鹿群类型分为雄性群、雌性群及雌雄混合群。雄性群中的个体数量不超过 10 只；雌性群由雌鹿、当年出生的小鹿和出生 1 年以上的亚成体组成，群体规模大于雄鹿群；雌雄混合群通常出现在繁殖季节，群体规模大。

白唇鹿主要以草本植物为食，在冬季主要采食干草和灌木的枝条。根据胃容物和粪便分析的结果，没有见到白唇鹿采食树皮和枝条的情况。

◆ **生活史特征**

雄鹿角在 3 ～ 4 月份脱落，随后长出毛茸茸的鹿角。茸角在 9 月左右开始骨化，随后在 10 月进入繁殖季节。雄鹿在繁殖期前期通过争斗决定各自的等级序位，像马鹿和梅花鹿一样，优势雄鹿守护自己的雌鹿群，不允许其他雄性接近。11 月繁殖期结束，雌鹿和雄鹿再次分开。雌鹿怀孕期为 220 ～ 230 天，每胎 1 仔。刚出生的小鹿不跟随母鹿活动，通常躲藏在隐蔽的环境中。母鹿会到小鹿隐藏的地方为其哺乳。每年换毛两次，一次在春季的 5 ～ 6 月份，一次在秋季的 8 ～ 9 月份。

◆ **种群动态**

白唇鹿分布区域的年降水量在 200 ～ 700 米，年平均气温 -5 ～ 5℃。1 月和 7 月的平均气温分别为 -20 ～ 0℃和 7 ～ 20℃。在这些地区，白唇鹿通常在林线以上、地势平坦的高原草地上活动。根据 20 世纪 80 年代后期的调查结果，白唇鹿分布在祁连山地区的青海天峻县、祁连县、门源县，甘肃阿克塞县、苏北县、苏南县、山丹县海拔 3300 ～ 5100 米的高山荒漠及高山荒漠草原上；青海东部的扎陵湖地区和治多县；四川甘孜州的石渠县、白玉县、巴塘县、稻城县、雅江县及新龙县；西藏芒康县、察隅县、江达县、卡若区、类乌齐县、丁青县、索县及洛隆县等县海拔 3700 ～ 5200 米的区域。此外，在新疆东南部及云南北部也有分布。对于白唇鹿的种群数量一直缺乏科学的调查评估。

中国在 20 世纪 60 年代始开始了建立人工饲养种群的尝试，从野外捕捉白唇鹿的幼鹿进行饲养，在青海、四川等地都有白唇鹿的人工饲养种群。

◆ **面临威胁**

青藏高原的生长季节短、植物生长量低，白唇鹿的食物来源并不丰富。生活在白唇鹿分布区域内居民的主要经济活动是放牧牛羊，因此人类饲养的家畜对该物种形成了很大的干扰。首先，为获得经济利益，人类饲养牛羊的数量的增加会侵占白唇鹿活动的空间并与其竞争食物，造成白唇鹿身体状况下降，不能抵御严冬恶劣的环境，死亡率增高。其次，在同一地区活动的家畜还会将疾病传入白唇鹿种群，造成其身体状况下降，死亡率增加。

◆ **保护措施**

白唇鹿在中国已被列为国家一级保护野生动物。应该加强对白唇鹿分布区栖息地的管理，根据栖息地的容纳量限制饲养牛羊的数量，给白唇鹿留下生存空间。

麋 鹿

麋鹿是偶蹄目鹿科麋鹿属的一种。又称"四不像"。

◆ **地理分布**

由化石资料推测，麋鹿出现于更新世前期，历史上曾分布在中国、朝鲜和日本，化石出土地点集中在东经110°以东、北纬43°以南的亚洲广大地域。中国东部湿润的平原、盆地，北起辽宁，南到海南，西自山西、湖南，东抵东海都曾有分布。18世纪中叶，中国野生麋鹿种群已经灭绝，仅在北京永定河的南海子湿地养着专供皇家狩猎的鹿群，后被运往国外，加之自然灾害使得圈养种群在国内也灭绝了。19世纪初，英国乌邦寺庄园收集了当时世界上仅存的18头麋鹿，组成了繁殖群体，后逐渐被引种到全世界近30个国家和地区并繁殖开来。

◆ **形态特征**

麋鹿是大型鹿类，体长为170～190厘米，体重可达180～220千克，雌鹿略小。被称为"四不像"是因为它的"四像"，即头似马、角似鹿、尾似驴、蹄似牛。仅雄鹿有角，角形特殊，主干在近角盘处分为前后两枝，前枝（眉叉）又分成2个叉，后枝随年龄增长可有2～3个分叉。

麋鹿

颈和背比较粗壮,四肢粗大。主蹄宽大能分开,趾间有皮腱膜,侧蹄发达,适宜在沼泽地行走。具有长尾,用来驱赶蚊蝇以适应沼泽湿地。夏毛红棕色,冬毛灰棕色。初生幼仔毛色橘黄,有白斑。

为草食动物中的粗饲者,取食多种禾本科草、薹草及刺槐等树木嫩枝叶。

◆ **生物学习性**

麋鹿是典型的湿地物种,喜生活在湿地草丛或芦苇荡中,主要采食禾草和灌木枝叶。善游泳,夏季会长时间待在水中,并选择湿地或水体进行繁殖。

◆ **生活史特征**

麋鹿繁殖有明显的季节性,多在一年中潮湿而高温的季节开始发情交配。配偶系统是典型的后宫制,即在发情期一头优势雄鹿控制一群雌鹿。雄性麋鹿 2 岁后性成熟,但是 4 岁以后才有机会成功参与繁殖。妊娠期为 270 ~ 300 天,每年 1 胎,每胎 1 仔(很少有 2 仔),哺乳期 10 ~ 11 个月。平均寿命在 18 岁左右。

◆ **种群动态**

自 19 世纪 60 年代麋鹿被引入欧洲以来,由于迁地保护和重引入保护,全世界麋鹿种群从最少时的 18 头发展到数千头。截至 2016 年,全世界共有麋鹿 6000 多头,分布在近 30 个国家和地区的 217 个饲养点。

中国野生麋鹿种群是在麋鹿重引入之后建立形成的。1998 年江苏大丰麋鹿保护区野放建立了麋鹿野生种群。后由于洪水导致湖北石首的圈养麋鹿出逃后，形成了湖北和湖南的野生种群。全世界有野生麋鹿约 900 头。

◆ **面临威胁**

历史上，由人类生产生活的增加引起的栖息地丧失和过度捕猎是威胁野生麋鹿的主要原因。在麋鹿野外灭绝又经重引入建立了圈养种群和野生种群后，空间狭小、高的种群密度、人类干扰和遗传多样性下降是麋鹿濒危的主要原因。

◆ **保护措施**

麋鹿于 1990 年已被世界自然保护联盟（IUCN）列为濒危（EN）等级物种，1996 年被改为极危（CR）等级物种，至 2008 年被调整为野外灭绝（EW）等级物种。麋鹿未列入《濒危野生动植物种国际贸易公约》（CITES）附录中，但在《中国濒危动物红皮书》中已被列为灭绝（EX）等级物种，且已被中国列为国家一级保护野生动物。在 2015 年发布的《中国生物多样性红色名录》中，麋鹿被列为极危（CR）等级物种。2001 年，又被中国列入"全国重点野生动植物物种保护工程"保护物种之一。

自 20 世纪 80 年代麋鹿重新引入后，中国对其保护措施主要包括建立保护区、保护寄养点、动物园和公园等。先后建立了北京麋鹿生态实验中心、江苏大丰麋鹿国家级自然保护区、湖北石首麋鹿国家级自然保护区、河南原阳麋鹿散养场等麋鹿保护地，也将麋鹿引入到河北滦河上游国家级自然保护区建立了围场散养种群。在保护区中，通过软释放和麋鹿的自然扩散，先后形成了江苏大丰、湖北石首和湖南岳阳（在东洞庭湖国家级自然保护区）3 个野生麋鹿种群。保护部门还建立了遗传管理项目来管理全国麋鹿种群，并通过宣传教育普及麋鹿生物学知识和保护管理措施。

驼 鹿

驼鹿是偶蹄目鹿科驼鹿属的一种。又称"犴达罕"（满语）。

◆ 地理分布

驼鹿是环北极型物种。在中国，分布在大小兴安岭林区，历史记录中认为新疆阿勒泰地区也有分布。中国的驼鹿分布区也是该物种在全球分布区的南界。国际上，驼鹿广泛分布于欧亚大陆和北美洲的北部。

◆ 形态特征

驼鹿体形高大，成年雄性重 200～300 千克，成年雌性重 130～150 千克。鼻部隆起，肩峰高出背部，形状似骆驼，故得名。仅雄性有角，角形呈掌状分支。雌雄个体的喉部都有一颔囊并生有一绺略长些的毛发，看起来像是胡须。雄性的颔囊比雌性的大，胡须也更长。上唇膨大并延长，比下唇长

成年雄性驼鹿

5～6厘米。牙齿中缺失了上犬齿，这一点与其他鹿科动物不同。

◆ 生物学习性

驼鹿在森林中结群活动，食谱中包括70多种植物。夏天会采食含水量比较高的草本植物、沼泽中的水草和木本植物的嫩枝条。其他季节主要采食木本植物的树叶、枝条及树皮，其中杨树、柳树及桦树是它们大量采食的植物种类。冬天食物比较缺乏时采食树皮、埋在雪下面的苔藓、地衣及枯枝落叶。

◆ 生活史特征

雌性驼鹿2岁、雄性3岁可以参加繁殖。每年8月下旬开始进入发情期，9月份是繁殖高峰期。雄性在繁殖期异常兴奋，在晨昏时发出吼叫并在树干上蹭角，不断追逐雌性。进入10月繁殖季节就将结束。受孕的雌性在怀孕8个月后产仔，每胎1～2仔。幼仔出生后3～4个小时就可以跟随母亲行走，新出生的幼仔体重10～12千克，哺乳期约6个月。

◆ 种群动态

在中国，驼鹿生活在东北大、小兴安岭地区和新疆阿勒泰地区的针叶林和针阔混交林中。20世纪70年代曾对分布在中国东北地区的驼鹿数量进行了一次调查，当时还有1.8万多头。1995～2000年的调查结果显示，在中国东北的大兴安岭和小兴安岭北坡，生活着1.1万多头驼鹿，在新疆阿勒泰地区，未见到驼鹿的踪迹。

◆ 保护措施

中国已将驼鹿列为国家一级保护野生动物。

蒙原羚

蒙原羚是偶蹄目牛科原羚属的一种。又称蒙古原羚、蒙古瞪羚、黄羊。

◆ 地理分布

蒙原羚分布于蒙古国东部、俄罗斯的邻近地区，以及中国的北部和东北部地区。在哈萨克斯坦也曾有分布记录，但在 2020 年哈萨克斯坦宣布蒙原羚已在其国绝灭。20 世纪 30 年代以来，蒙原羚的数量经历了巨大变化。30 年代，蒙古大草原是蒙原羚生活的核心地带，其数量在 400 万头以上，蒙原羚曾在蒙古国东部与西部自由往来。当时蒙原羚也遍布中国内蒙古自治区全境，其分布区北达三江平原，南至河北南部。此后，由于人为干扰、环境变迁等因素影响，在中国的内蒙古草原上，蒙原羚分布区越来越向北、向东退缩。自从北京—乌兰巴托铁路建成，铁路两旁设置了高高的护路铁丝网，阻断了蒙原羚的迁移通道，限制了蒙原羚的迁移空间。20 世纪末，蒙古国西部已很少见到蒙原羚了，主要分布在蒙古国的东方省。

◆ 形态特征

蒙原羚体形纤瘦，四肢细长，但比藏原羚和普氏原羚大，体长 108 ～ 160 厘米，肩高 54 ～ 84 厘米，尾长 5 ～ 12 厘米，平均耳长 9.7 厘米，颅全长 22 ～ 27 厘米，体重 25 ～ 45 千克。夏季毛较短，背部橙黄色，体侧黄棕色，腹面、四肢的内侧及臀斑白色，尾毛棕色，左右摆动时与白色臀斑反差明显。冬季毛密厚而脆，毛色浅，略带浅红棕色，并且有白色的长毛伸出，腹部毛色呈灰白色，稍带粉红色调，臀部有白色的斑，不大但十分明显，尤其在冬季更显突出。

雄性蒙原羚在额骨上生有较短而直的角，呈竖琴状，基部向上平行伸出，表面有明显而紧密的环形横棱，环的数目最多不会超过 23 个，尖端平滑，略微向后方逐渐斜向弯曲，呈弧形外展，最后两个角尖彼此相对。

雌性蒙原羚没有角，仅有两个隆起。头部圆钝，耳长而尖并生有很密的毛，颈部粗壮，尾巴很短，四肢细长，前腿稍短，角质的蹄窄而尖。具有眶下腺，鼠蹊腺发达。

◆ **生物学习性**

蒙原羚是欧亚大陆温带草原区特有的野生有蹄类动物，主要栖息于高原、平原和丘陵地带的半干旱草原，特别是以针茅为优势种的草原和半荒漠地区。分布区跨越蒙古国、俄罗斯和中国，是季节性迁徙

蒙原羚

动物，移动的距离和范围较大，一般在春季和秋季随着牧草的生长情况进行大规模迁移，喜集群且集群生活时间较长。主要食物是禾本科植物及营养成分较高的豆科植物。

在冬季南移到达其分布区南部的荒漠草原，迁徙途中主要以枯草、积雪来充饥解渴；到了春季，群体又逐渐向北方移动。夏季通常于清晨和下午进行觅食活动，并且常到有盐碱结晶的咸水湖畔去舔食。善于跳跃，高度可达 2.5 米，也善于奔跑，最高时速为 90 千米左右，如果以 75 千米的时速奔跑，则可以持续 1 小时之久。主要天敌是狼。

◆ **生活史特征**

雄性蒙原羚一般在 2.5 岁达性成熟，而雌性在 1.5 岁时即可达性成熟。在夏季，雌雄分开成小群活动，到晚秋和初冬时的交配季节再聚集成为大群。于 12 月至翌年 1 月发情交配，雄性的角斗并不激烈，不会出现因争斗而死亡的现象。5～6 月，大多移居到水草丰盛的地区。7 月初，怀孕的雌性个体便单独生活，妊娠期约 6 个月，之后在较为稀疏的灌木林中分娩，每胎产 1 仔，偶有 2 或 3 仔。雄性幼仔在 4～5 月龄时，额骨的顶部长出短小的角，到冬季时长度已经有 1～2 厘米，呈黑色，直立而光滑，没有圆环，且被头顶上的长毛所遮盖。1～2 岁达性成熟时具有 6～10 个环纹，以后环纹逐渐增多。寿命为 7～8 年。

◆ **种群动态**

2005～2015 年的 10 年监测数据显示，世界范围内，蒙原羚的数量在 40 万～270 万头。而最新调查认为蒙原羚种群在 50 万～150 万头，它们几乎都生活在蒙古国东部草原上，但是有专家认为这一数据也是高估了。

20 世纪 50 年代初，蒙原羚在中国广泛分布，有 50 万～60 万头。但因过度捕猎、草场退化等原因，数量急剧下降。进入 90 年代，在内蒙古草原许多原来经常出没的地方已基本见不到蒙原羚了。自 2000 年以来，在中国的蒙原羚仅分布在内蒙古的北部中国—蒙古国边境一带，中国内蒙古达赉湖地区和蒙古国东方省是蒙原羚的主要分布地。在内蒙古的呼伦贝尔市、锡林郭勒盟和乌兰察布市的少部分地区能见到蒙原羚，其数量由东向西逐渐减少，活动范围也只限在距边境线 20 千米以内的地带。2000 年以来的监测表明，蒙原羚每年 7 月中下旬由蒙古国进入中国境内草原觅食，但停留时间并不长，夏季在中国已基本见不到了。2001 ～ 2013 年，甘肃省山丹县龙首山自然保护站管护人员在巡山查林过程中发现有蒙原羚在北山滩公益林区活动，这是中国唯一一个在夏季也可以见到的小种群，数量在 10 头左右。

◆ 面临威胁

一般认为蒙原羚种群的主要威胁是疾病暴发、严冬、非法狩猎、草原退化和生境破碎化等。

◆ 保护措施

1989 年，中国将蒙原羚列为国家二级保护野生动物。1998 年，《中国濒危动物红皮书》将蒙原羚列为易危（VU）等级物种。2003 年和 2008 年，世界自然保护联盟（IUCN）对蒙原羚的评估是无危（LC）。2014 年《中国生物多样性红色名录——脊椎动物卷》将蒙原羚的濒危等级列为极危（CR）。在 2015 年发布的《中国生物多样性红色名录》中，蒙原羚被列为极危（CR）。

在蒙古国的一些保护区内也发现有蒙原羚，但大多数蒙原羚种群在保护区以外。尚无专门保护蒙原羚的自然保护区。蒙原羚在蒙古国和中国受到法律保护，在《中华人民共和国野生动物保护法》颁布后，内蒙古呼伦贝尔市市政府、锡林郭勒盟公署和各旗旗政府十分重视对蒙原羚的保护，先后 10 次发布有关保护蒙原羚的文件，蒙原羚的捕杀受到一定抑制。

自 20 世纪 90 年代以来，中国、蒙古国、俄罗斯 3 国签署协定建立了中蒙俄达乌尔国际自然保护区，包括中国的内蒙古呼伦湖国家级自然保护区、蒙古国的达乌尔国家自然保护区和俄罗斯的达乌尔斯克国家自然保护区。中蒙俄达乌尔国际保护区建立的初衷是保护这里的湿地及其生物多样性，但这一区域是蒙原羚的重要分布区，因此也对蒙原羚的保护有积极作用。

藏　羚

藏羚是偶蹄目牛科藏羚属的一种。又称藏羚羊。

◆ 地理分布

藏羚在中国分布于西藏、青海、新疆、四川等地，在拉达克地区也有分布。

◆ 形态特征

成年藏羚体长 130 ～ 140 厘米，体重 24 ～ 45 千克。雄性具长角，弯度很小，角前侧有棱状突起，角长 45 ～ 65 厘米；雌性无角。尾长 15 ～ 20 厘米，肩高 70 ～ 100 厘米。身体颜色以淡褐色为主，被毛致密，雄性脸部为黑色或

雄性藏羚

黑棕色，雌性脸部无黑色；头顶、颈背和躯体上部为淡棕褐色；四肢下部为浅灰白色，但雄性具黑棕或黑色纵纹；下颌、颈部下方、腹部及四肢内侧毛色浅。

◆ 生物学习性

藏羚是青藏高原的特有种，分布海拔从 3250 米（新疆阿尔金山）

至 5500 米（拉达克地区德泊散得），是青藏高原高海拔、寒冷、干旱地区生态系统的关键种，主要栖息于高山草甸、高山草原、高山荒漠草甸草原和高山荒漠草原。群居。大多数雌性具有长距离迁移的习性，季节性往返于冬季栖息地和夏季产羔地之间；雄性不迁移或仅具短距离季节性迁移，多在冬季栖息地附近活动。

藏羚的食物主要为禾本科、豆科、莎草科、菊科植物及一些杂类草等，以禾本科植物为主。婚配制度为一雄多雌制；雌性在 1.5～2.5 岁达性成熟，发情交配期在 11 月至第二年 1 月，妊娠期约 200 天，一般在每年的 6～7 月产仔，每胎一般 1 仔，偶见 5 月下旬和 7 月下旬产仔者。天敌为狼、秃鹫等。

◆ **种群动态**

20 世纪初，藏羚的种群数量估计为 50 万～100 万只；1990 年前后，种群数量估计约 7.5 万只；2013 年，种群数量估计可达 20 余万只；2017 年，种群数量估计已达 30 万只以上，主要分布在西藏、青海、新疆，在四川甘孜州石渠县也有少量分布。

◆ **濒危原因**

盗猎、人类活动增加、过度放牧、网围栏、迁徙障碍、草场退化、栖息地缩小、栖息地破碎化、雪灾及传染病等均是造成藏羚濒危的原因。

◆ **保护措施**

藏羚的保护措施有：严禁捕猎藏羚，加强就地保护工作，加强自然保护区建设和管理，加强自然保护区外栖息地保护和恢复，加强种群和栖息地监测工作及科学研究工作，加强疫源疫病监测工作，加强法制宣传和执法力度，打击偷猎走私，制止藏羚羊及藏羚羊绒制品的非法国际贸易。

高鼻羚羊

高鼻羚羊是偶蹄目牛科高鼻羚羊属（赛加羚羊属）的一种。又称赛加羚羊、赛加羚、大鼻羚羊。

◆ 地理分布

中国是高鼻羚羊原产国之一。直到 20 世纪 50 年代，在新疆准噶尔盆地和北塔山一带、甘肃马鬃山地区及内蒙古西部的中蒙边境附近还发现过其踪迹。高鼻羚羊野生种群在中国已灭绝。国际上，高鼻羚羊分布于哈萨克斯坦、蒙古国、乌兹别克斯坦、俄罗斯和土库曼斯坦等国。

◆ 形态特征

高鼻羚羊成兽体长 100 ～ 170 厘米，肩高 70 ～ 80 厘米，尾长 7.6 ～ 10.0 厘米，体重 36 ～ 69 千克。仅雄性具角，角长 20 ～ 40 厘米，斜向后上方伸出，角呈淡琥珀色微透明，具明显的环棱，角上部至尖端处光滑无轮脊，角质坚硬。吻鼻部明显延长，鼻脊中部隆起膨大向下弯曲，因而得名"高鼻羚羊"。体毛浓密，背毛棕黄色，腹面和四肢内侧白色，冬毛灰白色。

◆ 生物学习性

高鼻羚羊主要栖息于荒漠、半荒漠地带，荒漠草原地带亦可见到。集群栖居。有季节性迁徙习性，冬季向南迁移到向阳的较暖山坡或山谷地带。植食性，主要以草类及低矮灌木为食，其食物包括禾本科、菊科、豆科、藜科等植物。天敌主要是狼、金雕、狐等。流行疫病如口蹄疫、巴氏杆菌病的暴发会造成种群数量大量下降。

◆ **生活史特征**

高鼻羚羊是一雄多雌婚配制。性成熟早，当年生雌兽8月龄即可参与繁殖，雄兽1岁半方性成熟。冬季交配，发情期从11月下旬开始。发情期间，雄性的鼻子会膨大。妊娠期5～5.5个月，4～5月份产仔，每次产仔1～3只，一般1胎2仔。

◆ **种群动态**

高鼻羚羊曾遍及欧亚大陆，现其自然种群仅分布于俄罗斯、哈萨克斯坦、土库曼斯坦、乌兹别克斯坦和蒙古国5个国家。中国的高鼻羚羊已于20世纪50年代灭绝。据估计，20世纪80年

雌性高鼻羚羊群体

代仍有约82万头高鼻羚羊，其中82%生活在哈萨克斯坦。从1998年至2002年间，高鼻羚羊的数量从62万头急速下降到5万头左右；至2014年，约恢复到25.7万头。2015年5月，高鼻羚羊在其主要分布区哈萨克斯坦的别特帕克达拉草原大规模死亡，至5月底已经有12万头死亡。

高鼻羚羊现有2个亚种：①指名亚种。体形较大，角较长。②蒙古亚种。体形较小，角较短。指名亚种共有4个主要种群，分布在哈萨克斯坦和俄罗斯西北部地区，其中哈萨克斯坦别特帕克达拉草原高鼻羚羊的数量最多。蒙古亚种主要分布在蒙古国戈壁阿尔泰省的蒙古沙地自然

保护区，2017年数量曾达1.4万只，2019年下降为3500只。中国甘肃省濒危动物保护中心于1988年从国外引入了高鼻羚羊，在武威东沙窝地区进行人工繁育，其种群数量已达近百只。

◆ 濒危原因

造成高鼻羚羊濒危的原因有：狩猎过度、偷猎、日趋严重的干旱、人类活动增加、过度放牧、农田开垦等导致生存环境不断恶化；季节迁徙路线常被人为阻断；天敌和疾病等。

◆ 保护措施

高鼻羚羊保护措施有：打击偷猎及高鼻羚羊角非法贸易，保护和恢复栖息地，繁育扩大人工种群，进行物种重引入，恢复野生种群。

麝　科

麝科是偶蹄目的一科。

◆ 地理分布

麝科动物在中国的分布非常广，黑龙江、吉林、辽宁、内蒙古、河北、山西、河南、安徽、陕西、宁夏、甘肃、青海、新疆、浙江、湖北、湖南、四川、云南、贵州、西藏南部、广东、广西等地都有分布。

◆ 分类

麝科只包括1个属，即麝属。对于麝属含有多少物种，学术界尚未达成共识。有学者认为麝属只有1个种，但可以分成西伯利亚和喜马拉雅两个类群，前者包括4个亚种，后者包括3个亚种。中国分布的麝是隶属于西伯利亚类群的原麝指名亚种和喜马拉雅类群的马麝。但之后有学者认为这些亚种的骨骼测量数据已经达到种的差别，建议把这些亚种提升为种，并先后发表了林麝、黑麝和喜马拉雅麝 3 个种。

◆ **形态特征**

麝科动物体形较小，体重 6 ～ 15 千克，两性个体都没有角。雄性的上犬齿非常发达，长 50 ～ 60 毫米。头骨眼眶环特别发达，没有泪窝（与鹿科动物不同）。左右第一门齿之间没有间隙（与鹿科动物不同）。胃分 4 个室，有胆囊（鹿科动物没有）。雄性个体的脐腺分泌物干燥后为麝香。

◆ **生物学习性**

麝科动物以植物为食，受分布区域植物区系的影响，不同物种采食的植物种类有一定的差别。麝科动物也是反刍动物，它们吃进去的食物要经过其复杂的消化系统，借助瘤胃中能够分解植物的细菌进行分解、消化。根据对饲养场散养的麝的活动节律的观察，它们昼夜都有采食活动，但是每天清晨和黄昏是采食活动持续时间最长的时期，形成两个采食高峰期。

麝科动物属独居动物，雌雄个体都单独活动，产仔的雌性则与幼仔一起活动。每只麝都有自己的活动范围，又称"家域"。采用无线电跟踪项圈技术在中国浙江舟山地区对 2 只雌性和 1 只雄性进行跟踪，得到林麝全年活动区域的面积，其中雄性为 7 公顷，雌性为 2.8 ～ 5.5 公顷。在西藏东南部地区，野生雄性马麝家域面积为 25 ～ 45 公顷，雌性约30 公顷。马麝家域面积在夏季变化不大，但在进入秋冬季后明显增加。雌性和雄性的"家域"有不同程度的重叠。雄性个体与和自己家域重叠的雌性交配。成年麝最主要的天敌是狼和豺，幼麝的天敌更多，有蛇、小型的鼬科食肉动物，如黄鼬也能捕食新生的幼麝。

◆ 生活史特征

麝科动物 1.5 岁性成熟,雌性可以接受交配。在每年的 10 ～ 12 月份进入发情交配期,受孕的雌性在 6 个月后产仔。头次参加繁殖的雌性产 1 仔,但年龄大的雌性 1 胎产 2 仔。圈养的 1.5 岁雄性麝科动物可以使雌性受孕,但对于野外种群的雄性来说,需要等到 2.5 岁以后才有可能获得交配机会。新出生的幼仔体重 500 克左右,毛色深有橘黄色斑点。幼麝除吃奶时站立,其他时间都隐藏在草丛中。当幼麝卧在草丛中时,其毛色为它们提供了非常好的保护色,不容易被发现。杜卫国和盛和林在养麝场对母麝产仔后 1～4 周的时间内母麝哺乳和带幼麝一起行走(跟随)占用的时间比例进行了研究,结果发现在产仔后第一周,母麝每天哺乳时间占据了和幼麝联系时间长度的 54%,跟随时间占 31%;在第四周后母麝用于哺乳的时间降低到 25%,跟随时间上升到 62%;第八周后这个时间比例变为哺乳占 8%,跟随占 76%。每次哺乳都是母麝主动到幼麝隐蔽的地方,通过视觉和嗅觉寻找它们。其他时间里母麝都离开幼麝去采食,补充能量。母麝在幼麝 2.5 ～ 3 个月龄时中断哺乳,此时幼麝的主要食物已经变为刚刚采食来的嫩草和灌木的嫩叶。

◆ 种群动态

各种类型的森林、灌木林、高山草甸都是麝科动物的栖息地。在 2000 年之后,中国实施了天然林保护工程,森林面积增加、森林质量得到改善,麝的分布区在扩大。但是,麝的种群数量并没有明显改善,野生种群的密度过低和偷猎现象的存在,是种群发展迟缓的主要原因。

中国是麝类动物种类较多的国家之一。由于雄性麝类动物分泌的麝香是名贵的中药材和配制香水的定香剂,因此它们成为重要的资源动物。虽然历史上中国没有对麝科动物的资源做过调查,但是根据收购的麝香数量可推算 20 世纪 50 年代的麝资源在 200 万～ 300 万头,麝香年产量在 1400 ～ 1700 千克,相当于每年猎取麝 28 万～ 34 万头;60 年代,麝香年产量 2000 ～ 2300 千克,相当于每年猎捕 40 万～ 50 万头;最高年产量超过 3000 千克,相当于每年捕猎 60 万头;70 年代,年平均麝香产量下降到 1500 千克左右,但最高年产量仍达 3000 千克;到 70 年代末,麝资源的数量已经不足 100 万头;80 年代,麝香的走私活动增加,已经不能统计麝资源的数量。麝在许多地方的种群数量急剧减少,甚至绝迹,如在四川盆地西北缘保护区内次生林中,1986 年,麝的种群密度每平方千米还有 1.55+0.22 头,而邻近的非保护区相似的栖息地内麝的密度仅为每平方千米 1.15+0.09 头。

中国从 20 世纪 50 年代末开始进行人工养麝的实验,60 年代初相继在东北、陕西、安徽、四川、甘肃等地建立起人工饲养种群。但是在饲养技术、繁殖技术及提高麝香产量技术等方面尚待取得突破,饲养种群的规模尚待有效发展。人工饲养种群的麝香产量还不能满足医药行业的需要,需要用人工合成的麝香酮替代。

啮齿目

河　狸

河狸是啮齿目河狸科河狸属的一种。

◆ **地理分布**

河狸主要分布在欧洲和北美洲，在中国有少量分布。

◆ **形态特征**

河狸的身体大而粗壮，体重 15 ~ 30 千克，体长 70 ~ 80 厘米，尾长 20 ~ 30 厘米。头圆，耳短，耳内有防水的瓣膜，眼小，尾大扁平，呈圆形，四肢黑色，具 5 趾，前足小、爪强健，很像人的手。后肢粗大，后足具蹼。成体棕褐色，绒毛浓密，针毛黄棕色，头部稍淡，额下近黄色。人工饲养的河狸与海狸鼠相似，只是所需圈舍或笼舍要大些。

◆ **生物学习性**

河狸产于寒温带和亚热带森林中有河流的岸上，夜间活动，白天很少出洞，善游泳和潜水，不冬眠。性胆小机警，陆地上行动笨拙，遇惊即跳入水中。采食杨树或柳树的嫩枝叶、树皮，夏季还采食菖蒲、荆三菱、水葱、芦苇等。河狸独特的本领是垒坝，具有改造自己栖息环境的能力。当进入新的栖息地或栖息地水位下降时，

河狸

河狸会用树枝、泥巴等筑坝蓄水，以保护洞口位于水下，防止天敌侵扰；有时为将岸上筑坝用的建筑材料搬运至截流坝里，不惜开挖长达百米的"运河"。

◆ **生活史特征**

河狸 1 年繁殖 1 次，1 ~ 2 月发情交配，4 ~ 5 月产仔，怀孕期

103～108 天，胎产仔 2～6 只，哺乳期 40 余天，3 岁时可以繁殖。所产毛皮沥水性强，体表外层针毛呈浅褐色，下层绒毛为褐色，柔软而浓密，保温性能好，毛皮是制裘材料。肛门两侧有 1 对香腺，能分泌河狸香的液体，可制香水，是中国四大名香之一；还可入药。

◆ 保护措施

河狸在中国属国家一级保护动物，新疆维吾尔自治区林业部门已开展人工饲养研究工作。

海牛目

儒 艮

儒艮是海牛目儒艮科儒艮属唯一的现生种。

◆ 地理分布

儒艮分布在东非的印度洋沿岸和岛屿到南太平洋瓦努阿图之间的 40 多个国家和地区。20 世纪中叶至 21 世纪初，曾在中国广东、广西和海南岛沿岸发现儒艮。

◆ 形态特征

儒艮最大体长 3.3 米，成体平均体长约 2.7 米。休纺锤形，身体的后部侧扁。成体背面灰色，腹面稍浅。幼体呈淡奶油色。皮肤较光滑，有稀疏的短毛。头部较小，略呈圆形。上唇略呈马蹄形。嘴吻弯向腹面，其前端扁平，形成吻盘。通过吻盘的侧缘和后缘可以抓住植物送入口中。两个阀门状鼻孔靠近在一起，位于吻端背面，可以在潜水时露出水面呼

儒艮

吸。潜入水中时，活瓣把鼻孔关闭。眼小。无耳郭，耳孔很小。鳍肢小，稍端圆，无指甲。尾叶水平。胸部每侧有一个乳房，乳头位于鳍肢后方的腋下。睾丸在腹腔内。雄性生殖孔接近脐，雌性生殖孔位于远后方，很接近肛门。在儒艮一生中，每侧上颌、下颌各有 3 枚前臼齿和 3 枚臼齿。这 6 枚齿不在同一时期长出，各前臼齿和第一臼齿随着年龄增长而消失，而最后长出的两枚臼齿终生存在。雄性具突出的獠牙，在 9 ～ 10 岁时长出。

◆ 生物学习性

儒艮生活在沿岸水深小于 10 米的海域，常在有相当规模的海草床处。已知的社会单位是母儒艮和她的仔兽。海上观察到的大多为 1 ～ 2 头在一起的小群。只在有些地点可以看到数百头的大群。游泳速度缓慢。在浅海摄食热带和亚热带的海草，能把整颗植物连根拔起。偶尔也食无脊椎动物。

◆ 生活史特征

雌性儒艮在 6 ～ 17 岁时怀第一胎。妊娠期约 13 个月，每胎产 1 仔。新生的儒艮体长 1 ～ 1.5 米，体重约 20 千克。幼仔的哺乳期为 18 个月左右。

◆ 种群动态

儒艮在整个分布区内都曾遭到人类的捕杀，栖息地遭到沿岸经济建设活动的严重破坏。除在澳大利亚和阿拉伯地区外，在整个分布区内现存的都是相互隔离的残余种群。

◆ **保护措施**

儒艮在中国为国家一级保护野生动物。

鲸 目

灰 鲸

灰鲸是鲸偶蹄目灰鲸科灰鲸属唯一的现生种。

◆ **地理分布**

灰鲸仅分布于北太平洋沿岸的浅海。

◆ **形态特征**

灰鲸成体长 11 ～ 15 米，体重 16000 ～ 45000 千克。体粗短，无背

鳍，在后1/3的背部有一个隆起的峰，
其后有 6 ～ 12 个低的峰或突起。喉
部具 2 ～ 7 条喉沟（多数为 3 条），
通体都有白色至橙黄色的偏利共生
物和外寄生物（藤壶和鲸虱）分布，

灰鲸

构成特有的杂乱色斑。上颌中等弓形，每侧有 130 ～ 180 块鲸须板。灰
鲸的鲸须板在须鲸类中最短最厚，与它们从海底沉积物中摄食无脊椎动
物的习性相适应。鲸须板乳白色至淡黄色，须毛很粗糙。

◆ **生物学习性**

西北太平洋的灰鲸种群夏季在鄂霍次克海，秋季通过鞑靼海峡南下，
经过黄海、渤海和东海到达中国广东和海南省南海沿岸海域越冬。东北太

平洋的灰鲸种群夏季在楚科奇海、波弗特海和白令海，秋季通过乌尼马克海峡南下，沿海岸线至墨西哥的下加利福尼亚西岸越冬。旅行时通常单独或组成不稳定的小群。常跃水和探头，喷潮浓密，呈心形。主要在浅水的大陆架水域摄食底栖动物，大部分时间生活在距海岸几十千米处。

◆ **生活史特征**

灰鲸的性成熟的年龄平均为 8 岁，妊娠期 11 ～ 13 个月，新生仔鲸体长 4.5 ～ 5 米。仔鲸约在 8 月龄时断乳。寿命 60 ～ 70 年。

◆ **种群动态**

在太平洋的东部和西部都曾有灰鲸分布，但在 17 世纪末至 18 世纪初几乎被捕鲸业所消灭。在 1937 年开始被保护以后，东北太平洋的灰鲸种群逐渐恢复，估计有约 2.2 万头。然而，西北太平洋的灰鲸种群现有数量估计只有约 130 头。

◆ **保护措施**

灰鲸是中国国家一级保护野生动物。

蓝　鲸

蓝鲸是鲸偶蹄目须鲸科须鲸属的一种。

◆ **地理分布**

蓝鲸为世界上已知最大的动物，分布于全球各大洋。

◆ **形态特征**

蓝鲸体形巨大，体长 23 ～ 30 米。南极蓝鲸雌性成体的体长达 29.9 米，最大体重 177000 千克。皮肤蓝色。背鳍很小，位于体背的远后部。

头部背面宽而呈 U 形。沿头部背面中央有一条隆起的脊，止于围绕呼吸孔的"防溅瓣"。鳍肢较短，长 3 ～ 4 米。宽阔的尾叶具有相对较直的后缘和显著的缺刻。体背面蓝灰色，有浅色或暗色斑点。有 55 ～ 88 条长褶自喉部

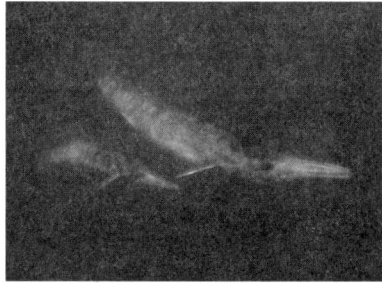

蓝鲸成体与幼仔

伸展达到或接近脐。腭的腹面有 260 ～ 400 对黑色的、基部宽的鲸须板。

◆ **生物学习性**

蓝鲸常单独或 2 ～ 3 头为一群，但在主要摄食场可形成 50 ～ 80 头的群。喷潮高而直，可达 9 ～ 12 米。浅潜水 12 ～ 20 秒。深潜水 10 ～ 30 分钟。常在 10 ～ 20 次浅潜水后，做 1 次深潜水，到深水中摄食。在快速潜水或深潜水前，常将尾叶举出水面。偶尔跃水，身体的大部分跃出水面，并形成巨大的水花。食物主要是磷虾类，在其摄食场，可见到蓝鲸常侧身或腹面向上冲过一些巨大的磷虾群。

◆ **生活史特征**

蓝鲸在 7 ～ 12 岁达性成熟。妊娠期 10 ～ 11 个月，新生仔鲸体长 6 ～ 7 米。哺乳期 7 个月，断奶时幼鲸体长约 16 米。

◆ **种群动态**

蓝鲸很早就已成为猎捕的目标。在 1966 年得到国际捕鲸委员会（IWC）保护前的 1 个世纪里，蓝鲸几乎被捕鲸船猎尽杀绝。在南极被杀的蓝鲸总数约 30 万头。在禁猎后，蓝鲸种群得到了一定的恢复。现存的蓝鲸不到 1 万头。

◆ 保护措施

蓝鲸在中国为国家一级保护野生动物。

长须鲸

长须鲸是鲸偶蹄目须鲸科须鲸属的一种。

◆ 地理分布

长须鲸是仅次于蓝鲸的大型须鲸，分布于全球各大洋。在中国，长须鲸分布于辽宁、山东、江苏、上海、浙江、福建、台湾及香港附近海域。

◆ 形态特征

长须鲸的雌性略大于雄性。最大的雌性体长可达22米，雄性为20米；最大的雌性体重70000千克，雄性60000千克。头部和体前部的颜色不对称，左侧呈暗石板色，头部（尤其是下颌）和体前部右侧浅灰色。吻突部窄，其背面中央有

水面上的长须鲸

发达的纵脊。镰刀状的背鳍位于体长的3/4处，高约为基部长之半。每侧有260～480块暗色的鲸须板。前右侧的鲸须板带有浅黄色。

◆ 生物学习性

长须鲸不是一个喜集群的物种，已知的社会关系是母子对，常单独或2～7头为一群，偶尔形成较大的摄食群。常与蓝鲸在一起活动，有时也与海豚类在一起。喷潮高6米，垂直并呈V形。在一系列3～10

秒的浅潜水后，做一次 15 秒或更长的潜水。很少做跃水、举尾或其他空中行为。属游得快的大型鲸之一。长距离旅行时，每天可游约 140 千米。主要食物是磷虾类，也捕食其他浮游甲壳动物、集群性鱼类和小型乌贼类。在夏季高纬度摄食场和冬季低纬度繁殖场之间洄游。

◆ **生活史特征**

长须鲸在 6～10 岁达性成熟。妊娠期 11 个月。哺乳期约 6 个月。已报道有 84 岁高龄的个体。

◆ **保护措施**

长须鲸在中国为国家一级保护野生动物。

中华白海豚

中华白海豚是鲸偶蹄目海豚科驼海豚属的一种。

◆ **地理分布**

中华白海豚的分布西起东印度洋，东达西太平洋。在中国分布于浙江、福建、台湾、广东、广西和海南的海洋沿岸。

◆ **形态特征**

中华白海豚的体粗壮，最大体长 2.7 米。喙中等长，下颌前端略超出上颌。背鳍三角形并略呈镰状，基部宽。鳍肢和尾叶宽。幼体暗灰色，随年龄增长逐渐变为浅粉红色。亚成体灰色和浅粉红色相杂。成体浅粉红色，在背部和背鳍上有许多暗色小斑点。老龄个体的暗色小斑点逐渐减少消失。上颌、下颌每侧具 32～38 枚齿。

◆ **生物学习性**

中华白海豚生活在沿岸水深小于 10 米的海域，常在距海岸

0.15 ～ 5.0 千米的海域活动。中国海洋沿岸的中华白海豚偶尔进入江河中，如珠江、西江、九龙江、闽江和长江。个体间的联系属于分离 - 融合的社会结构。主要摄食近岸、河口的鱼类，也摄食头足类和甲壳类。

◆ **生活史特征**

中华白海豚的雌性在 9 ～ 10 岁、雄性在 12 ～ 14 岁达性成熟。妊娠期 10 ～ 12 个月，每胎产 1 仔，初生体长约 1 米。

◆ **种群动态**

中华白海豚生活在近岸海域，易受到沿岸人类活动的影响，特别是栖息地退化的伤害，如工程建设导致海岸和海床的变化、污染导致海水质量的下降、食物的短缺、船舶的干扰和撞击等。因此，中华白海豚在整个分布区都遭受严重的威胁，种群数量显著下降。中国海洋沿岸各中

中华白海豚

华白海豚种群的数量已严重减少。估计现存的中华白海豚厦门 / 金门种群约 76 头，台湾西部种群约 99 头，珠江口（珠江口 / 香港）种群至少 1200 头，湛江种群约 1485 头，北部湾种群约 153 头，三亚种群为数十头。中华白海豚湛江种群和珠江口种群是世界上较大的两个种群。但珠江口的中华白海豚种群受到人类活动的影响已经处在危险之中。因此，湛江雷州湾海域承担着中华白海豚最重要的避难所的重任。

◆ **保护措施**

中华白海豚在中国为国家一级保护野生动物。中国在珠江口已经建

立了广东珠江口中华白海豚国家级自然保护区，厦门中华白海豚种群和北部湾中华白海豚种群分别在厦门海洋珍稀物种国家级自然保护区和广西合浦儒艮国家级自然保护区得到了保护。2007 年，在湛江雷州湾海域建立了湛江市雷州湾中华白海豚自然保护区。

长江江豚

长江江豚是鲸偶蹄目鼠海豚科江豚属的一种。中国的特有种。

◆ 地理分布

长江江豚分布在长江中下游干流和与之相通的洞庭湖和鄱阳湖。长期以来一直被认为是窄脊江豚的两个亚种之一。南京师范大学鲸豚研究团队 2018 年 4 月在《自然－通讯》杂志上发表的论文中发现长江江豚与海生的东亚江豚之间存在着显著而稳定的遗传分化，已成为独立的演化支系，因此支持长江江豚是一个独立的物种。

◆ 形态特征

长江江豚的体形较小，最大体长 1.77 米。头部圆，无喙，无背鳍。鳍肢中等大。尾叶的后缘凹入。背脊高通常不超过 15 毫米，始于体长之半处或其前。体背面有成列的疣粒从背中部延伸至尾柄，形成疣粒区。背中央的疣粒 2 ～ 5 列。齿铲状，每侧上下颌各有 14 ～ 22 枚齿。体暗灰色，比黄海沿岸的东亚江豚略深。

◆ 生物学习性

常成 2 ～ 3 头的群，一般是由一母一仔或一雄一雌构成。也可由此基本的群集合成 10 头以上的群。游泳时很少出现空中行为，通常仅在水面短暂显示背部，只在追逐猎物或社会活动时偶尔全身跃出水面或举尾。呼吸间隔大多为 20 ～ 30 秒。出水呼吸时头吻部先出水，然后呼吸孔出水，呼气和吸气后即下潜。潜水时间十几秒至几十秒，有时也可达 1 ～ 2 分钟。食物主要为小鱼和虾类，也食水生昆虫的幼虫。

◆ 生活史特征

长江江豚的雌性和雄性在 4 ～ 6 岁时性成熟，大致每 2 年产 1 仔，妊娠期 11 个月，出生时体长 60 ～ 80 厘米。寿命为 20 年左右。

◆ 种群动态

长江江豚曾和中国特有的白鱀豚一同在长江中下游生息繁衍万年以上。从 20 世纪 50 年代开始，随着长江流域人类经济活动的扩大，长江生态系统发生改变，栖息地逐步恶化。江湖间洄游鱼类的通道被闸坝阻隔，以及围湖造田、江水污染及滥捕等使渔业资源急剧衰退。长江航运的迅速发展是白鱀豚和长江江豚生存的另一个主要威胁。2006 年

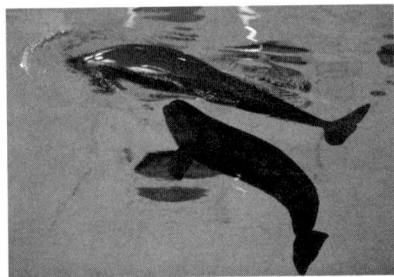

长江江豚

在长江中下游进行的白鱀豚考察表明，白鱀豚可能已经灭绝，这使得长江江豚成为长江中唯一的鲸类物种。90 年代，长江江豚的数量超过 2500 头。2006 年在长江中下游进行的长江江豚考察中，估算在长江中的长江江豚有 1225 头。而 2012 年的考察结果显示，长江干流中的长江江豚数量已降至约 505 头，估计在长江干流、洞庭湖和鄱阳湖中的长江江豚数量只有 1000 头。

◆ **保护措施**

长江江豚种群数量正在急剧下降,加强长江江豚的保护,刻不容缓。自 20 世纪 90 年代起,中国在长江中下游江段、洞庭湖和鄱阳湖先后建立的 3 个国家级、4 个省级和 2 个市级的自然保护区,是从事长江江豚保护的专门机构。2021 年,长江江豚在中国升级为国家一级保护野生动物。2021 年 1 月 1 日,长江干流、大型通江湖泊和重要支流正式开始为期十年的全面禁捕。2021 年 3 月 1 日起,中国首部有关流域保护的专门法律——《中华人民共和国长江保护法》正式施行,全面禁渔降低了非法渔具伤害长江江豚的风险,也使它们的食物来源大大增加。

抹香鲸

抹香鲸是鲸偶蹄目抹香鲸科的唯一现生种。

◆ **地理分布**

抹香鲸在全球海洋广泛分布,在中国见于黄海、东海及南海。

◆ **形态特征**

抹香鲸为最大的齿鲸,并呈最显著的两性异形。成年雌性体长 11 米,成年雄性可达 16 米。成体体重 15000 千克(雌性)～ 45000 千克(雄性),雄性成体的体重为雌性成体的 3 倍。头巨人方形,占体全长的 1/4 ～ 1/3。头内有充满鲸腊油的鲸腊器官。呼吸孔在头部前端偏左。下颌狭小,悬挂在头部下面。鳍肢宽而稍端圆。体背面有一个低而圆的背鳍,其后有一系列圆突。上颌无齿,下颌有 20 ～ 26 对齿,与上颌的一些凹穴相嵌合。体灰色到褐灰色,口缘常有明亮的白色区域,皮肤有许多皱褶。生殖区前的腹部和胁部常具不规则的白色大斑。

◆ **生物学习性**

高度社会性的抹香鲸由20～30头成年雌鲸和它们的幼鲸组成母系群，主要生活在热带和亚热带的深海区。青年雄鲸在4～21岁时脱离家族群，形成流动性的单身汉群（约20头）到高纬度海域

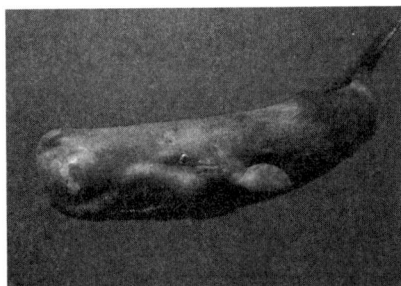

抹香鲸

闯荡。只有雄性成体可到达北极或南极附近。成年雄鲸洄游到热带和亚热带，有个别个体到访那里的母系群并参加繁殖。

抹香鲸每日需要其3%体重的食物以保持自身体重。主要食物是深海中种类繁多的头足类，也有很多鱼类。摄食时潜入深海，典型的深潜约400米，但能下潜到1000米以下的深海，最长的潜水时间达2小时。

◆ **生活史特征**

雄性抹香鲸约在20岁达性成熟；雌性约在9岁达性成熟，大致4～6年产1仔。妊娠期14～16个月，每胎产1仔。初生抹香鲸体长3.5～4.5米，体重500～1000千克。哺乳期约2年。

◆ **种群动态**

世界现存的抹香鲸数量约36万头。

◆ **保护措施**

抹香鲸在中国为国家一级保护野生动物。

第 2 章

鸟类

雁形目

中华秋沙鸭

中华秋沙鸭是雁形目鸭科秋沙鸭属的一种。

◆ 地理分布

中华秋沙鸭是单型种，无亚种分化。繁殖在俄罗斯东南部，朝鲜，中国东北部的黑龙江、吉林及内蒙古地区。大多数越冬于中国中部和南部地区，少数越冬于日本、韩国、缅甸和泰国，零星个体越冬于俄罗斯东南部和朝鲜。

◆ 形态特征

中华秋沙鸭的羽冠长而明显，成双冠状。嘴长而窄，呈红色。雌雄异色。雄鸟头、上背及肩羽黑色；下背、腰和尾上覆羽白色，翼镜白色，下体白色，两胁具黑色鳞状

中华秋沙鸭

纹。雌鸟头和颈棕褐色，具有羽冠；喉部淡棕色，上体灰褐色，胸部白色杂以褐色鳞斑。胸部白色可区别于红胸秋沙鸭，体侧具鳞状纹有异于普通秋沙鸭。

◆ 生物学习性

中华秋沙鸭在繁殖期主要栖息于成熟阔叶林和针阔混交林附近水流湍急的多石河谷和溪流中。越冬时多栖息于迁缓开阔的河流和湖泊中，常结小群活动，潜水捕食鱼类。

◆ 生活史特征

中华秋沙鸭从4月初到4月中旬产卵，窝孵数8～14枚，孵化期28～35天。雏鸟出巢后，成家族群活动。

◆ 种群动态

中华秋沙鸭的种群数量少，已被世界自然保护联盟（IUCN）列为濒危（EN）等级物种。《中国生物多样性红色名录——脊椎动物卷（2020）》也将中华秋沙鸭评估为濒危（EN）等级物种。中华秋沙鸭在中国被《中国濒危动物红皮书·鸟类》列为稀有种、国家一级保护野生动物。2022年通过模型模拟，估计中国中华秋沙鸭的越冬种群数量在3600只左右。

◆ 保护措施

中华秋沙鸭的保护措施主要有：①减少人为干扰，设立自然保护区，加强中华秋沙鸭主要分布区、繁殖地、迁飞停歇地、迁飞通道和集群活动区的保护，合理增加巢址资源。②加强鸟类保护宣传，增加爱鸟护鸟的公民意识。

鸻形目

小青脚鹬

小青脚鹬是鸻形目鹬科鹬属的一种。

◆ 形态特征

小青脚鹬体长约 30 厘米。体形稍显笨重而矮胖，嘴较粗而微向上翘，尖端黑色而基部淡黄褐色。上体黑褐色，具有灰色羽缘。夏季头顶至后颈暗褐色，具黑褐色纵纹。背部为黑褐色，具白色斑点。腰部和尾羽为白色，尾羽的端部具黑褐色横斑，飞翔时非常醒目。下体白色。前颈、胸部和两胁具黑色圆形斑点。体形与青脚鹬非常相似，但腿部明显短，并且偏黄色。在非繁殖季节，背部为浅灰色，羽缘为白色。胸部和两胁的斑点消失。亚成体与成鸟的冬羽相似，但头顶和上体更偏褐色，带皮黄色斑点，胸部有染棕色。

小青脚鹬

◆ 生物学习性

小青脚鹬性情胆小而机警，稍有惊动即刻起飞。繁殖期主要栖息于沼泽、水塘和湿地附近的林地。非繁殖期主要栖息于海边滩涂、河口沙洲、潟湖等，偶见于红树林，也利用溪流、盐田和稻田等作为栖息地。

小青脚鹬属于候鸟，繁殖分布于库页岛和鄂霍次克海西侧，迁徙和越冬于东亚和东南亚地区。迁徙季可见于中国沿海地区、长江中下游地区、台湾地区和香港等地。

◆ **生活史特征**

小青脚鹬的繁殖种群在每年的 5 月中旬回到繁殖地，6～7 月繁殖，单配制，独巢或者由几个繁殖对组成的群巢。巢筑在离地约 3 米、上方有遮蔽的树枝上，巢材包括松枝、地衣、苔藓等。每年繁殖 1 窝，窝卵数多为 4 枚，来自不同巢的幼鸟常常在出生后聚集在一起生活。在繁殖地主要捕食小型鱼类，也取食多毛纲、寡毛纲、甲壳纲动物以及软体动物和昆虫。在非繁殖期，偏爱蟹类等水生无脊椎动物和小型脊椎动物。成鸟 7 月底或 8 月初离开繁殖地，幼鸟则停留到 8 月底到 9 月中旬后才离开。

◆ **种群动态**

小青脚鹬是全球濒危物种，2012 年湿地国际估计其种群数量为 600 只。但 2013 年秋季和 2015 年秋季，在中国江苏如东附近的滩涂湿地分别记录到 1117 只和 1100 只的迁徙群。由于与青脚鹬的外形相似，野外识别难度较大，仍缺乏其准确的数量信息。虽然以前低估了其种群数量，但种群数量稀少是不争的事实。

◆ **面临威胁**

小青脚鹬在迁徙期和越冬期依赖滨海湿地生活，滨海湿地的丧失和退化是其生存所面临的主要威胁，需要采取措施加强保护。

◆ **保护措施**

中国于 2021 年修订的《国家重点保护野生动物名录》已将小青脚

鹬增补为国家一级保护野生动物。

勺嘴鹬

勺嘴鹬是鸻形目鹬科勺嘴鹬属的一种。

◆ 地理分布

勺嘴鹬的繁殖地位于从俄罗斯楚科奇半岛至堪察加半岛北部之间的狭小区域。越冬地主要在东南亚地区，部分个体在中国广东的雷州半岛、福建闽江口等地越冬。2015年冬季在雷州半岛记录到43只勺嘴鹬，是中国最大的越冬种群。迁徙季见于中国东部沿海滩涂，其中江苏的如东和东台等沿海滩涂是最重要的迁徙停歇地，每年秋季都可记录到100只以上的个体。

◆ 形态特征

勺嘴鹬的体形较小，体长约15厘米。黑色勺状喙为其最显著的特征。在繁殖季节，前额、头顶和背部栗红色，具黑褐色纵纹。胸部有延伸到腹部的暗色斑点，具宽阔的白色翅带。腰和尾上覆羽两侧白色，中间黑色；中央尾羽黑色，两侧尾羽淡灰色。下胸淡栗色，具褐色纵纹和斑点，有时在两侧形成由褐色斑点组成的纵带。其余下体包括翅下覆羽和腋羽均为白色。冬羽以黑、白和灰为主色，头顶和上体

勺嘴鹬

灰褐色，微具暗色羽轴纹，后颈较淡。翅覆羽灰色，具窄的白色羽缘。前额、眉纹和下体辉亮白色，颈侧和上胸两侧微具褐灰色纵纹。

◆ 生物学习性

勺嘴鹬的繁殖地仅分布于沿海地区，常在植被稀疏的砾坑或是由莎草科植物、苔藓和矮柳为主的苔原营巢，繁殖期主要取食鞘翅目、双翅目和膜翅目昆虫，也取食植物种子和小型两栖动物。迁徙期和越冬期主要栖息于泥质滩涂、潟湖和盐池，特别喜欢在表面覆有一层软泥的滩涂活动，取食滩涂表面或浅层的甲壳类、多毛类和软体动物。觅食时用勺子状的喙部在浅水上层或柔软的泥浆上层向两边滑动取食，偶尔从水中或软泥中啄取食物。常和红颈滨鹬、黑腹滨鹬等小型鸻鹬类混群活动。

◆ 生活史特征

勺嘴鹬在5月底或者6月初到达繁殖地，雄鸟建立领地后会在领地周围绕圈进行炫耀飞行，并交替进行鸣叫和拍翅发出声音以吸引雌鸟。雌雄个体建立配偶关系后共同选择巢址。窝卵数4枚，雌雄共同孵卵，孵化期约20天。雏鸟为早成雏，出壳后很快便可自行觅食。繁殖之后，雌鸟先于雄鸟南迁，留下雄鸟照顾雏鸟。等雏鸟初飞后，雄鸟开始南迁。幼鸟在出生地活动数周后开始第一次迁徙。

◆ 种群动态

勺嘴鹬是全球极危鸟类，种群数量估计不到1000只。

◆ 面临威胁

滩涂围垦导致的栖息地丧失和越冬地的捕猎是勺嘴鹬面临的最大威胁。

◆ 保护措施

英国、俄罗斯等国的鸟类学者正通过人工繁殖和再引入的方式恢复勺嘴鹬的自然种群。由于数量稀少且具有特殊的勺子状喙部，勺嘴鹬在中国也是备受关注的鸻鹬类之一，中国于2021年修订的《国家重点保护野生动物名录》中将其增补为国家一级保护野生动物。中国江苏如东和东台的沿海滩涂是勺嘴鹬的重要迁徙停歇地，应加强保护管理以减少人为干扰。

中华凤头燕鸥

中华凤头燕鸥是鸻形目燕鸥科凤头燕鸥属的一种。原名黑嘴端凤头燕鸥，因繁殖地主要在中国被改名为中华凤头燕鸥。

◆ 地理分布

根据少量的标本记录，曾推测中华凤头燕鸥在中国山东和福建沿海繁殖，在中国周边的印度尼西亚、马来西亚、泰国、菲律宾等国沿海区域越冬。中华凤头燕鸥在消失了63年之后，于2000年夏天在中国福建外海的马祖列岛被重新发现。已经确认的繁殖地包括中国浙江宁波韭山列岛、舟山五峙山列岛、台湾澎湖列岛，以及韩国全罗南道无人岛。

◆ 形态特征

中华凤头燕鸥为中等体形，体长45厘米左右。嘴橘黄色，尖端黑色。额在繁殖期为黑色，冬季白色。头顶及枕部黑色，颈白色，具羽冠。上体灰白色。翼上覆羽、初级飞羽灰白色，外侧5枚初级飞羽黑色或灰黑色，内翈具宽阔的白色羽缘。尾羽灰白并带褐色。下体白色。脚黑褐色。

◆ 生物学习性

中华凤头燕鸥以海洋上层小型鱼类为食，食物主要包括小带鱼、凤鲚、圆鲹、鲱鱼、舌鳎、龙头鱼、鲚和银鱼等。常在水面上飞行或盘旋，一旦发现猎物，即俯冲入水捕食鱼类。常跟随在船只后边，取食被螺旋桨打昏的鱼类。繁殖期一般在巢周边觅食。在育雏期，亲鸟会根据雏鸟的大小选择猎物的大小。

中华凤头燕鸥

◆ 生活史特征

中华凤头燕鸥常混在大凤头燕鸥群中繁殖。繁殖岛屿为两公顷以下的偏远无人岛屿。岛上有低矮灌木、草丛或无植被。巢区一般位于岛屿外缘的草丛区、草丛和岩石交界区及裸露岩石区。一般在 5 月下旬抵达繁殖岛屿。6 月初开始产卵。巢位于裸露或有枯草覆盖的土坡和岩地。繁殖时直接把蛋下在地面上，巢间距仅 30 厘米左右，非常密集。每年繁殖一次，每窝 1 枚卵，极少数产 2 枚卵。如果第一窝繁殖失败，可产第二窝。孵化期 22 ～ 28 天，育雏期 31 ～ 35 天。雌雄鸟共同孵化和喂雏，孵化替换主要在晨昏时段。如无台风和捡蛋，一般会在 7 月底 8 月初完成繁殖，并逐渐离开繁殖岛屿。

◆ 种群动态

中华凤头燕鸥的全球种群数量接近百只，已被世界自然保护联盟

（IUCN）列为极危（CR）等级物种。

◆ **面临威胁**

人为捡蛋、台风、猛禽和蛇类捕食等是造成中华凤头燕鸥繁殖失败的主要原因。

◆ **保护措施**

自 2013 年开始，中华凤头燕鸥种群招引和恢复项目在中国浙江韭山列岛和五峙山列岛先后实施，效果显著，繁殖种群逐渐稳定，数量明显上升，为该珍稀物种的拯救和保护带来了希望。

鹈形目

卷羽鹈鹕

卷羽鹈鹕是鹈形目鹈鹕科的一种。

◆ **地理分布**

卷羽鹈鹕分布于欧洲东南部、非洲北部和亚洲东部一带。中国的繁殖地主要在新疆，越冬时见于山东、江苏、浙江、福建、广东、香港等东南沿海地区及其岛屿，迁徙时经过新疆西部、河北、山西等地，在辽东半岛和台湾岛有时也能见到漂泊的零星个体。

◆ **形态特征**

卷羽鹈鹕的体形较大，雄性体长可达 180 厘米，重达 13 千克，翼展达 345 厘米。雌性个体比雄性稍小。嘴宽大，直长而尖，铅灰色，上下嘴缘的后半段均为黄色，前端有一个黄色爪状弯钩。下颌上有一个与

卷羽鹈鹕

嘴等长且能伸缩的橘黄色或淡黄色大型喉囊。体羽主要为银白色，并有灰色。飞羽黑色，有白色羽缘。头上的冠羽呈卷曲状。初级飞羽和初级覆羽均为黑色，飞行时可以看到黑色的翅尖。颊部和眼周裸露的皮肤均为乳黄色或肉色。颈部较长。翅膀宽大。尾羽短而宽。腿较短，脚为蓝灰色，4趾之间均有蹼。夏季腰和尾下覆羽略带粉红色。

◆ 生物学习性

卷羽鹈鹕在繁殖期栖息于内陆湖泊、江河、沼泽以及沿海地带。迁徙和越冬期间栖息于沿海海面、海湾、江河、湖泊、河口以及沼泽地带等。喜群居，常结成较大的群体活动。善于游泳，但不会潜水，也善于在陆地上行走。飞翔时鼓翼缓慢，但速度很快，还能灵巧地借助风力进行翱翔，呈螺旋状上升。

卷羽鹈鹕主要以鱼类为食，有时也吃甲壳类动物、软体动物、两栖动物，甚至小鸟等。常单独或集2～3只的小群捕鱼。捕鱼时将头猛地扎入水中，将喉囊张得很大，并用宽大的脚蹼推动水流，向前游进，水中的鱼便随着水流入喉囊之内，一口可以吞进10多升的水和大量的鱼，然后将大嘴合拢，滤去水后吞食其中的鱼。集群活动时，还会采用"围剿"的战术来捕食，把鱼群驱赶到靠近岸边的浅水处，趁鱼群乱成一团时捕获猎物。

◆ **生活史特征**

卷羽鹈鹕的繁殖期为每年的 4 ～ 6 月，营巢于内陆湖泊边缘的芦苇丛中或者沼泽地带，其巢的结构甚为庞大，由树枝和枯草等构成，通常有 1 米高，63 厘米宽。每窝产卵 1 ～ 6 枚，卵为淡蓝色或微绿色，由亲鸟轮流孵卵，孵化时间 30 ～ 34 天。刚出壳的小鹈鹕体色灰黑，不久就生出一身浅浅的白绒毛。亲鸟以半消化的鱼肉喂雏鸟，

飞行中的卷羽鹈鹕

等雏鸟长大后，把头伸进亲鸟张开的嘴巴下方的皮囊里，啄食带回的小鱼。大约 85 天以后，小鹈鹕开始学飞。

◆ **种群动态**

卷羽鹈鹕数量呈逐年递减的趋势，虽然其栖息地分布广泛，但却非常分散。

◆ **面临威胁**

湿地枯竭和渔民捕杀是卷羽鹈鹕数量减少的主要原因。其他威胁还包括游客和渔民的惊扰、湿地栖息地被破坏与改造、水污染以及滥捕滥渔等。

◆ **保护措施**

卷羽鹈鹕已被世界自然保护联盟（IUCN）列为易危（VU）等级物种。

第 3 章

爬行类

龟鳖目

缅甸陆龟

缅甸陆龟是龟鳖目陆龟科缅甸陆龟属的一种。别称黄头象龟。缅甸陆龟在中国分布于广西、云南。国际上分布于越南、泰国、老挝、缅甸、柬埔寨、孟加拉国、尼泊尔、不丹及印度等国。

缅甸陆龟的头背部呈青灰色至淡黄色。前额鳞1对，显著大。背甲黄色至青绿色，脊盾和肋盾具大块黑斑。腹甲黄色，具大块黑斑。臀盾单枚。背甲高隆，盾片同心纹明显。四肢粗壮呈柱形，指5爪，趾4爪，无蹼。尾巴末端为角质鞘。

缅甸陆龟常栖息于热带、亚热带地区的山地、丘陵及灌木丛林中。以花、草、野果、真菌、节肢动物和软体动物等为食。缅甸陆龟是变温动物，白天活动少，夜晚活动多。温度低于14℃时进入冬眠状态。天敌为野生食肉性动物。5月开始交配，7～8月是交配旺季，于6月、7月、9月、11月产卵，每次产卵5～10枚，年产卵1～3次，卵白色，呈长椭圆形。

缅甸陆龟具有观赏价值。由于栖息地被破坏、过度猎捕、非法贸易对野生种群威胁较大，已被世界自然保护联盟列为濒危（EN）等级物种，还被列入《濒危野生动植物种国际贸易公约》（CITES）附录二中。部分动物园、养殖场有饲养。

凹甲陆龟

凹甲陆龟是龟鳖目陆龟科缅甸陆龟属的一种。别称麒麟龟。中国分布于云南。国际上分布于柬埔寨、老挝、缅甸、泰国、越南及马来西亚。

凹甲陆龟的背甲长可达27厘米；前额鳞2枚，顶鳞1枚；背甲的前后缘呈强烈锯齿状，中央凹陷，臀盾2枚。生活时，背甲绿褐色至黄褐色，椎盾及肋盾边缘黑褐色。腹甲黄褐色，缀有暗黑色斑块或放射状纹。四肢粗壮，圆柱形，有爪无蹼。

凹甲陆龟栖息于热带、亚热带高山森林地区。以菌类、野果等为实，人工饲养条件下采食蔬菜、瓜果类。变温动物，喜暖怕寒。白天活动，夜间休息，冬季具有冬眠习性。天敌为野生食肉动物。

凹甲陆龟

凹甲陆龟可作为宠物及食物资源，具有观赏价值。栖息地破坏、过度猎捕、非法贸易对野生种群威胁较大，部分动物园、养殖场有少量饲养，人工繁殖难度大。凹甲陆龟已被世界自然保护联盟列为易危（VU）等级物种，已被中国列为国家二级保护野生动物，还被《濒危野生动植物种国际贸易公约》（CITES）列入附录二中。

四爪陆龟

四爪陆龟是龟鳖目陆龟科缅甸陆龟属的一种。别称旱龟、中亚陆龟。

◆ 地理分布

四爪陆龟在中国仅分布于新疆霍城地区。国际上分布于阿富汗、伊朗、巴基斯坦、塔吉克斯坦、土库曼斯坦、乌兹别克斯坦、哈萨克斯坦和吉尔吉斯斯坦。

◆ 形态特征

四爪陆龟的背甲长可达22厘米。顶鳞1枚，前额鳞2枚。背甲高隆，宽略小于长，呈圆球形，但脊部中央稍平坦，前后缘略向上翻翘。四肢粗壮呈柱状，指、趾4爪；尾末具角质鞘。背甲褐色或橄榄色，同心纹明显；背腹甲具黑斑块，有的黑斑块几及整个腹甲；头及四肢黄褐色。

◆ 生物学习性

四爪陆龟栖息于海拔600～1100米的黄土丘陵地区的荒漠草场和旱田。草食性，以植物的茎、叶、花及果实为食。变温动物。早晚活动，3～8月为其活动季节，但随温度变化决定其活动时间，10℃以上开始活动，25℃以上时处于蛰眠状态。天敌为野生肉食性动物。病原生物为蜱、线虫等寄生虫。

◆ 生活史特征

四爪陆龟一般4月上、中旬开始交配，5～7月产卵。每次产卵2～4

枚，卵壳白色，呈长椭圆形。孵化期约 120 天。

◆ **经济价值**

四爪陆龟具有观赏价值，还为食物和药材资源。

◆ **种群动态**

栖息地破坏和过度猎捕导致四爪陆龟在中国新疆的种群数量急剧下降。四爪陆龟在国际上种群数量相对丰富，已被世界自然保护联盟列为易危（VU）等级物种。

◆ **保护措施**

四爪陆龟在中国为国家一级保护野生动物，且已被《濒危野生动植物种国际贸易公约》（CITES）列入附录二中。被部分动物园、保护机构饲养。

玳　瑁

玳瑁是龟鳖目海龟科玳瑁属的一种。别称十三鳞、瑇、文甲、瑇玳。

◆ **地理分布**

玳瑁主要分布在热带的印度洋、太平洋和大西洋的海礁附近。已知两个大的种群分布于大西洋和印度洋－太平洋。

◆ **形态特征**

通常所见的玳瑁壳长仅 60 厘米左右，重 9～14 千克。背甲共有 13 块，作覆瓦状排列，所以得名"十三鳞"。有扁平的躯体、保护背甲，以及适于划水的桨状鳍足。成体甲壳为鲜艳的黄褐色，平滑有光泽。尾短，前后肢各具 2 爪。头、尾和四肢均可缩入壳内。背甲和头顶鳞片为红棕色和黑色相间。颈及四肢背面为灰黑色，腹面几乎都为白色。

玳瑁的背及腹部均有坚硬的鳞甲。头部具前颧鳞甲 2 对。鼻孔近于吻端。上须钩曲，嘴形似鹦鹉，颌缘锯齿状。玳瑁雄性体长相若，体形较大者可达 1 米，而体形最大者甚至可达 1.7 米。平均体重一般可达 45 ~ 80 千克，历史上捕获的最重的玳瑁达 210 千克。玳瑁明显的特点是其上颚钩曲尖锐，这也是其俗名之一——"鹰嘴海龟"得名的原因。

玳瑁的头较长，前额具两对深红棕色或黑色鳞甲，鼻孔离嘴较近，吻侧内收扁平，前鳍足端各有 2 爪，后鳍足端各有 1 爪，前足大，较窄长。背面鳞甲，早期呈覆瓦状排列，随年龄增长而变成平置排列，表面光泽，有褐色与浅黄色相间而成的花纹。中央为脊鳞甲 5 枚，两侧有肋鳞甲 4 对；缘鳞甲 25 枚，边缘呈锯齿状。腹面由 13 枚鳞甲组成，呈黄黑色。四肢均呈扁平叶状。前肢较大，具两爪，后肢有两爪。尾短小，通常不露出甲外。

◆ 生物学习性

玳瑁主要以珊瑚礁为食，也捕食一些甲壳类、藻类和鱼类。爬行是步态交替的，留在沙滩上的痕迹是不对称的。相比之下，绿海龟和棱皮龟的步态更为对称。玳瑁生命中的大部分时间都是独居的，它们相遇只为交配。玳瑁具有较强的迁徙能力，生活环境的范围较大，从开阔的海洋到咸水湖，甚至到港口的红树林地区。玳瑁的天敌为大型鱼类、鳄鱼和章鱼。

◆ 生活史特征

玳瑁每年交配 2 次。交配后雌性会在夜间游到沙滩上，用后肢清理出一片干净的场地并挖出一个用来产卵的巢穴，产完卵用沙子将卵覆盖。

窝卵数约 140 枚。经过数小时的产卵后，雌性个体将返回海洋。生长至 20 岁才能达性成熟。

◆ 经济价值

玳瑁的角板可入药，有清热解毒，镇心平肝的功效。主治热病发狂、谵语惊痫、小儿惊厥及痘毒发斑等症。

◆ 种群动态

玳瑁是极危（CR）等级物种。爬行速度较慢，极易被人类捕杀，作为玳瑁巢穴区的沙滩也经常被破坏。玳瑁性成熟所需年限较长，繁殖率较低，因此种群数量极难恢复。

◆ 保护措施

保护玳瑁的措施有：立法禁止人类对玳瑁的捕杀；保护玳瑁现有的产卵巢穴区；增进玳瑁保护和研究的国际合作，在全球范围内对其进行保护和研究。

鼋

鼋是龟鳖目鳖科鼋属的一种。俗称癞头鼋、鳖斑。鼋是淡水龟鳖类中体形最大的一种。外形与常见的中华鳖相似。

◆ 地理分布

鼋在中国分布于江苏、浙江、福建、安徽、广东、海南、广西、云南等地。

◆ 形态特征

鼋的头中等大，头背较宽平，皮肤光滑。吻圆，吻前端形成一短的吻突，其长约为眶径的一半。鼻孔位于吻端，其间有一中隔将左右鼻孔分开。鼻孔开口处每边有一乳突。眼小，位于额部背侧方。两颚自吻端至口角处，均有较宽大的唇褶，可分别向上下翻褶。上颚唇褶上方，具有纵形皮肤褶。体背与颈背基本光滑，但有因皮肤皱纹形成的粗细网纹。骨质背甲较圆，前缘平，后缘微凹。板面密布似虫蚀样凹纹。颈板宽，其宽为长的 3 倍以上。肋板 8 对，最后 1 或 2 对在中线相接。上腹板小，左右上腹板不相接。内腹板顶端形成锐角或直角。腹部胼胝在舌腹板、下腹板及剑腹板处发达。四肢形扁，趾、指间蹼发达，均具 3 爪。尾短，雌性尾仅稍露出背盘或不达背盘后缘，雄性尾长。背部呈褐黄色或褐绿色，头部、腹部为黄灰色，尾巴和后肢为黄灰色，后肢的腹面有锈黄色的斑块。肛门呈灰黑色。

◆ 生物学习性

鼋喜栖于水流缓慢的深水江河、水库中。不常迁移，喜欢栖息在水底，只有在其栖息地发生改变时，才会被迫迁移，并有结群现象。鼋为夜行性动物，白天隐于水中，常浮出水面呼吸，晚间在浅滩处觅食，且食量极大。肉食性，捕食鱼、虾、螺、蚬等水生动物。捕食时，潜伏于水域浅滩边，将头缩入甲壳内，仅露出眼和喙，待猎物靠近时，突然伸头咬住，并囫囵吞下。鼋不仅能用肺呼吸，还能用皮肤，甚至咽喉吸氧进行呼吸。其冬眠期很长，从每年 11 月至次年 4 月，长达半年之久。

◆ 生活史特征

鼋生长较快，250 克的幼鼋，经一年生长，体重可达 1750 克。通常体重为 15 千克时达性成熟。5～9 月为繁殖期，卵分为数次产出，一般每次产卵十几至数十枚，最多可达上百枚。卵圆形，直径约 40 毫米，壳白色。卵在穴中依靠自然温度孵化。

◆ 经济价值

鼋营养丰富，为名贵滋补品，其肥厚而富于胶质的裙边是名贵佳肴，且其甲和内脏还可入药，具有较高的价值。

◆ 种群动态

由于大量捕杀及其生活环境受到污染或破坏，鼋的数量已急剧下降。20 世纪 70 年代以来，鼋的种群数量日趋锐减，仅在中国浙江的瓯江、广东绥江和云南澜沧江等地有少量发现，其他地区基本灭绝。估计中国鼋的总数在 200 只以下。瓯江是浙江省的第二大江，从西北向东南横贯青田县全境，曾有"大鼋之乡"的美誉。然而根据青田水利部门的调查，早在 2000 年之前，这里的鼋就已仅存约 80 只，而这已经属于中国境内较为集中的鼋种群。

◆ 保护措施

鼋的种群处境引起了人们的高度重视，中国于 1989 年将其列为国家一级保护野生动物，还被《中国物种红色名录》列为极危等级物种。针对鼋的保护，首先应该加强对群众的宣传力度，提高人们的保护意识；其次，加大对鼋天然种群的保护力度。为对现存天然资源的保护，2000 年浙江省政府划定了 360 多公顷的省级青田县鼋自然保护区，规定保护区内不允许人类生产活动；此外，广东省广宁县建成的国家一级水生野生保护动物拯救中心和人工驯养、繁殖鼋基地已投入使用。

鳄 目

扬子鳄

扬子鳄是鳄目鼍科鼍属的一种。别称中华鼍、中华鳄、土龙、猪婆龙。

◆ 地理分布

扬子鳄分布于亚热带和温带地区。中国仅分布于安徽、浙江。

◆ 形态特征

扬子鳄身长 1～2 米，头部扁平，吻部宽而短，四肢粗短。尾长而侧扁，粗壮有力，在水里能推动身体前进，又是攻击和自卫的武器。体重约为 36 千克，是小型鳄类。头部相对较大，鳞片上具有更多颗粒状和带状纹路。

◆ 生物学习性

扬子鳄喜栖息于中江下流支流水系的库塘、湖泊、农田间的塘口、沼泽的滩地或丘陵山塘等地。以鱼、虾、软体动物、蛙类、幼鸟、小型哺乳动物及昆虫为食。多夜间活动。寿命在 45 年以上。无迁徙行为，但在干旱季节会出现短距离移动，以寻找水源。幼鳄天敌有鹭鸟等。越冬期被鼠类为害。卵常被哺乳动物等破坏或吞食。病原生物为变形杆菌、假单胞杆菌和枸橼酸杆菌等。

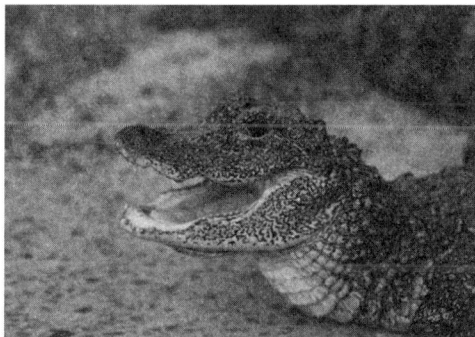

扬子鳄个体

◆ **生活史特征**

扬子鳄是卵生。于6月上旬在水中交配，体内受精。至7月初前后，雌鳄开始用杂草、枯枝和泥土在合适的地方建筑圆形的巢穴供产卵，每巢产卵 10 ～ 40 只。卵卵为灰白色，比鸡蛋略大。产于草丛中，上覆杂草，靠自然温度孵化，孵化期约 70 天。幼鳄 9 月初出壳。

◆ **经济价值**

扬子鳄具有以下经济价值：①食用。肉、蛋等均可以食用，也是传统食用材。②皮可制革。其皮革可用于制作高档的皮鞋、皮包等。③皮可制乐器。据古书记载，扬子鳄皮在中国古代是制作

扬子鳄群体

鼓乐的好材料。④药用。据中国古代记载，扬子鳄肉、卵均可药用。⑤观赏用。扬子鳄头、脚、牙齿、爪及背脊可加工成旅游纪念品，亦可将死鳄鱼制成剥制标本，做成各种姿态，给游客作为家庭装饰或欣赏用。

◆ **生态价值**

扬子鳄处于丘陵地带湿地生态系统的食物链顶端，在维持湿地生态系统的平衡中具有非常重要的作用。扬子鳄善掘洞为巢，常筑巢于水库堤坝处，常会造成水库泄漏，带来一定的危害。

◆ **种群动态**

扬子鳄不呈现明显的季节动态，有冬眠习性。1981 年，在中国和

美国科学工作者联合调查的基础上，估计出扬子鳄仅 300～500 条。自建立扬子鳄自然保护区后，先后多次对野生环境中扬子鳄资源数量进行普查：1985 年 378～421 条，1987 年 407～463 条，1990 年 690～774 条，1992 年 674～747 条，1994 年 667～740 条，2002 年调查结果为不足 120 条。2011～2013 年调查显示，野生种群数量在 150 只左右。影响扬子鳄种群数量的因素有气候变化、人类活动、湿地减少、滥捕鱼类和农业面源污染等。

◆ **管理措施**

养殖。饲养场的建造：场址选择应水陆兼备、温度适宜、环境僻静、食物丰富，也可建造人工洞穴，养殖时饲养密度不宜过高。扬子鳄人工养殖的日常管理工作主要有投饵、巡视、防病、捕捉测量。扬子鳄对饵料的要求很低，其食性较广，鱼、肉、鸡骨架、动物内脏等均可投喂。还可以在池塘中养殖一些螺、蚌和鱼类，既可利用水体，又可以减少投饵量。鳄卵孵化室建设应具备调温设备和贮水设备，保持高温高湿的孵化环境。

可持续利用。1992 年，获《濒危野生动植物种国际贸易公约》（CITES）批准，子二代饲养鳄及其制品被允许进入国际市场，但商业利用较少，出口扬子鳄主要是用于观赏。

饲养的幼鳄

◆ 保护措施

扬子鳄在中国为国家一级保护野生动物，被 CITES 列入附录一中，被世界自然保护联盟列为极危（CR）等级物种。20 世纪 70 年代，中国开始了扬子鳄的大量保护工作。1979 年，在安徽宣城建立了扬子鳄繁殖研究中心；1980 年，成立了扬子鳄自然保护区，1986 年升级为国家级自然保护区，2006 年列为示范保护区建设；2008 年，安徽扬子鳄国家级自然保护区被列为国家重要湿地建设项目。同时，在浙江长兴建立了浙江长兴扬子鳄养殖中心，并建立了浙江长兴扬子鳄省级自然保护区。

暹罗鳄

暹罗鳄是鳄目鳄科鳄属的一种。别称泰国鳄、暹罗淡水鳄。

◆ 地理分布

暹罗鳄分布于柬埔寨、印度尼西亚、老挝、马来西亚、泰国、越南、文莱及缅甸。

◆ 形态特征

雄性暹罗鳄体长 3～4 米，雌性一般不超过 2.5 米。幼体金褐色，尾部有黑色条纹。尾下鳞环列，泄殖腔孔周围被许多小鳞环绕，后缘与小鳞插入较大的环状尾下鳞之间，向后延伸 5～7 圈，

暹罗鳄

因此，看上去泄殖腔孔后缘有一条细线向尾后延伸，这是暹罗鳄的鉴别特征。

◆ **生物学习性**

暹罗鳄栖息于热带及亚热带地区的沼泽地、河流保护地段中水流缓慢的区域、湖泊等淡水水域，以及咸淡水水域等。以鱼类为食，也吃两栖动物、爬行动物和小型哺乳动物。具游泳、潜水、爬行、摆尾、水中跳跃的行为。雄鳄间有时会发生争偶现象，双雄都将身体前半部分露出水面与水面略呈垂直状，然后用头侧面彼此相击，并发出巨大碰撞声，相击一次彼此都跌入水中，经过一段时间又露出水面暂时相击，一般2～3次停止。鳄卵常被其他动物（例如哺乳动物）吞食或破坏等。病原生物为球虫属、水蛭类的动物，以及舌形虫等。当认为自身受到袭击时，会攻击人类；此外，人在水边活动时，易受到袭击。

◆ **生活史特征**

暹罗鳄每年4～5月繁殖，雌性在一个堆筑的巢中产卵20～50枚，孵化期约80天。饲养条件下，10～12岁达性成熟。在中国海南于3月下旬产卵，4月中下旬产卵结束。

◆ **经济价值**

暹罗鳄可被开发为旅游观光项目，其皮还可制作革制品、工艺品，鳄肉可被食用。暹罗鳄皮鞋品质较好，且市场前景好。

◆ **种群动态**

有实际意义的暹罗鳄野生种群仅存在于柬埔寨及印度尼西亚，老挝仅有分散的、残存的野生种群，越南和泰国实际已野生灭绝。世界各国饲养种群数量很大。暹罗鳄已被世界自然保护联盟列为极危（CR）等级物种，被《濒危野生动植物种国际贸易公约》（CITES）列入附录一中。中国无野生鳄，仅有饲养种群，饲养种群量达 20 万条左右，主要养殖场分布在海南和广东等地。

影响暹罗鳄野生种群数量的因素有捕猎、气候改变、栖息地破坏（如开垦农业用田、发掘矿山等）、滥捕滥杀等。

◆ 保护措施

养殖。中国海南、广东等南方地区适宜饲养暹罗鳄。环境应安静无噪声，淡水资源丰富，水质没有受到任何工业或生活污染。饲养场应由幼体养殖池、半成体养殖池和成体养殖池组成。池边宜留下部分沙池，主要为雌性产卵使用。种鳄的饲料为鸡骨架、鱼等，每周供应饲料 3 ～ 4 次。

可持续利用。暹罗鳄野生种群已极度濒危，但东南亚国家饲养种群数量很大，可进行可持续的商业利用。

防控。暹罗鳄在中国养殖数量极大，分布的养殖地很多，各养殖场、动物园等场所，以及运输过程中，应严格管控，防止该鳄的外逃或进入自然湿地，有该鳄饲养的相关管理部门应高度重视。

保护。印度尼西亚已制订一项长期的物种保护计划，以保护该地区的暹罗鳄野生种群。泰国和越南开展野外放归工作，希望通过此项工作尽快复壮野生种群。

昆虫类

鳞翅目

金斑喙凤蝶

金斑喙凤蝶是鳞翅目凤蝶科喙凤蝶属的一种。

◆ **地理分布**

金斑喙凤蝶在中国分布于浙江（泰顺乌岩岭国家级自然保护区）、福建（武夷山、南平茫荡山）、广东（南岭、连平）、广西（大瑶山、融水苗族自治县）、海南（尖峰岭）、江西（井冈山、九连山）、云南（南部与东南部）等地。国际上分布于越南、老挝等国。

◆ **形态特征**

成虫

金斑喙凤蝶是大型蝶类。翅展 81 ～ 93 毫米。雄蝶翅面灰黑，被有稠密带绿色光泽的鳞片，外缘带黑色，有黄绿色光泽，翅脉部位色更深。后翅中室外侧有较大的金黄色斑，斑内有蓝黑色、橘红色及绿色条斑点缀其间；外缘有端部呈黄色的尾状突起。前、后翅反面与正面的色斑近似，但色泽略浅，光泽亦不明显。雌性前翅翠绿色较少，大致与雄性反面相似；后翅中域大斑呈灰白色或白色，外缘月牙形斑呈黄色和白色，外缘齿突加长；其余与雄性相似。

金斑喙凤蝶雄蝶

金斑喙凤蝶雌蝶

卵

金斑喙凤蝶的卵是淡紫红色或紫红色，较光滑，有暗光泽。扁球体状。直径 2.4 ～ 2.5 毫米，高 1.45 ～ 1.55 毫米。单粒位于寄主植物叶面上，底部稍向内凹陷。孵化前 2 ～ 3 天卵体内部成混沌状，卵色开始变化。孵化前 1 天，卵体外壳变得透明，内部可见黑色虫体。

幼虫

金斑喙凤蝶的 5 龄幼虫体长 68 ～ 70 毫米，前胸宽 7 ～ 8 毫米。在取食阶段，幼虫全身绿色，只在各节之间透出黄色。头部、腹面及腹足均为黄色，口端浅黄色。各节蓝色斑点渐不明显，位于后胸的内部亮白色外周红紫色的 1 对眼纹大而明显。背腹中央的白色斜纹消失，身体各节成无规律状分布的黑点较明显。胸足淡红紫色。丫腺黄色。在老熟幼虫阶段，全身以黄色和红紫色为主。体长不变，而胸部变得更加宽阔厚实。头部红黄色，胸足红紫色，腹足末端红紫色。身体各节散布着许多大小各异的红紫色斑块，这些斑块在第四、第五、第六腹节较集中。

蛹

金斑喙凤蝶的蛹是缢蛹。体表粗糙，凹凸不平，体色以绿色和黄绿色为主。背面扁平而宽阔，近似菱形。头部向前突起，背面观轮廓呈抛物线状。前中胸间背侧面有 1 对褐色气门。中胸背面有 1 个十分明显的绿色喙状突起，突起超出蛹体 9 毫米，尖端圆钝，与体中轴略成直角，并稍向后倾斜。后胸背线两侧有 1 对不明显的深褐色斑纹，后胸背面靠近侧线处各有 1 个浅褐色呈疣状外突结构，该结构上方有 1 块褐色区域。腹部以第三腹节最为鼓突，自此向后逐渐收缩。第一腹节背线两侧有 2 对褐色斑纹，靠近背线的 1 对较小，远离背线的 1 对较大。背线绿色，侧面观背线在第二到第四腹节处突起呈驼背状。腹部背侧线分别有 1 条绿色带纹，从第三腹节一直延伸至腹部末端。丝垫褐色。

◆ 寄主植物

金斑喙凤蝶的寄主植物主要有木兰科的金叶含笑、深山含笑、广东含笑、光叶拟单性木兰。

◆ 生物学习性

金斑喙凤蝶在行为上表现出对温度的主动选择性，幼虫在17～24℃时取食行为活跃，雄蝶在19～26℃时山顶行为活跃，均表现出中温选择性。然而，雌蝶多选择在正午时刻产卵，其间温度为27～30℃，表现出高温选择性。雄蝶对生境地形表现出主动选择性，约87%的雄蝶选择飞向山顶，它们每日上午6点至11点在山顶聚集，绕圈飞行或停息，以山顶停息为主，占山顶活动时间的78%左右。雄蝶通常停息在山顶的高枝位叶片上或山顶周缘的叶片上，以便迅速发现并拦截飞经的雌蝶，获得交配机会。因而，金斑喙凤蝶在交配策略上主要采取雄蝶等候的方式。停息期间，雄蝶表现出明显的占区行为，首先停息在某一区域的雄蝶在领域权竞争中通常都是最后的胜利者，赢得领域，获得更多交配机会。

野外观察发现，金斑喙凤蝶的天敌种类较多，野外存活率偏低，最后羽化率仅为38.9%。对于存活个体而言，它们已明显进化形成了一套复杂的防御体系，主要包括由保护色、颜色拟态、形状拟态等组建的初级防御体系和由眼斑展示、身体晃动、丫腺伸出等组建的次级防御体系。另外，老熟幼虫多选择在林下层的灌木丛或竹丛的隐蔽枝条上化蛹，化蛹高度为2米左右，这种对化蛹场所的主动选择行为可提高其蛹期的防御能力。

◆ 生活史特征

金斑喙凤蝶在广西大瑶山1年发生2代，少数1年1代，以蛹越冬。

成虫活动时间为每年的 4 月上旬至 6 月上旬和 8 月上旬至 9 月中旬。雌蝶产卵方式为散产，通常为"一枝一叶一卵"式。幼虫共 5 龄，老熟幼虫离开寄主植物在林下层各类植物上化蛹。主要在湿季（4 ～ 10 月底，月降水量＞ 50 毫米）生长、发育与繁殖后代。

◆ **濒危原因**

在自然选择作用下，金斑喙凤蝶对阔叶林生境的适应性行为特征非常明显。濒危原因有以下 3 点：①生境破坏、质量下降。如人为砍伐、人工林替换原始林、林下层垦殖等。位于这些破碎生境的金斑喙凤蝶正遭遇种群下降，甚至已经局部灭绝。②自身生物学限制。如飞翔能力弱，迁徙能力差；雌雄比例严重失调；雌蝶产卵量少，卵的隐蔽性较差；幼虫成活率低，且寄生植物单一。③人为捕捉。

◆ **保护措施**

金斑喙凤蝶在中国已被列为国家一级保护野生动物。此外，还被世界自然保护联盟（IUCN）红皮书《受威胁的世界凤蝶》列为 K 级（"险情"不详类），被《濒危野生动植物种国际贸易公约》（CITES）列入附录二中。

已采取的保护措施有：①将金斑喙凤蝶列入国家保护动物相关名录，通过国家法规政策进行保护。②开展对金斑喙凤蝶的资源调查、生物学、形态学、保护生物学、行为特征、对生境的适应性及人工养殖技术等研究，为金斑喙凤蝶的保护提供理论基础。③建立保护区对其进行保护。例如，广西大瑶山国家级自然保护区和福建武夷山国家级自然保护区。

此外，针对金斑喙凤蝶的保护现状，中国昆虫研究者史军义等还建议采取以下 5 方面的保护措施：①加强栖息地保护。栖息地在该蝶生活中发挥着举足轻重的作用，其质量好坏直接影响该蝶的分布数量和存活。②加强基础研究。继续进行该蝶的本底调查和详尽的生态生物学研究，特别需要关注种群结构、数量波动、繁殖生物学和栖息地变化等问题。研究如何运用生命表方法对其种群生存力进行分析。研究如何有效保护生境的策略，尤其是要研究如何保护那些未被保护或位于保护区外围生境的策略。③加强法制宣传和执法力度。加强宣传教育，使当地民众了解金斑喙凤蝶的法律保护地位，并引导他们加入保护该蝶的行列中来。同时，完善自然保护区的机构建设，加大保护区的执法力度，坚决制止各种非法捕猎行为。④加强技术和经验的交流。加强对金斑喙凤蝶的研究和繁育单位之间的交流与合作，积极探索该蝶救护繁殖的关键技术。⑤加强对保护区工作人员的培训。对自然保护区的科研和保护人员进行定期培训，培养金斑喙凤蝶保护专业人才。

第 5 章
鱼类

鲟形目

中华鲟

中华鲟是鲟形目鲟科鲟属一种。又称鲟鲨。中国特有种。

◆ **地理分布**

中华鲟分布于太平洋西北地区，中国海南岛以东到黄渤海等海区和珠江、钱塘江、长江、黄河等淡水河流。

◆ **形态特征**

一般中华鲟成鱼体长 2.42～3.25 米（雌）或 1.69～2.5 米（雄）；体重 148.5～378 千克（雌）或 38.5～189 千克（雄），最大个体重达 452 千克以上。体长，呈梭形。吻尖长，吻部腹面中央有须 2 对。尾歪形，上叶特别发达，体具 5 纵行骨板状大硬鳞。鳃盖膜与峡部相连，左右鳃孔分离。幼鱼皮肤光滑。鳃耙细尖；成鱼皮肤粗糙，鳃耙 13～28，柱状。头部和体背侧青灰色或褐色，腹部白色，各鳍均为青灰色，侧、腹板间的侧板下方体色有过渡区。

◆ **生物学习性**

中华鲟生活于大江和近海中，是典型的河海洄游型鱼类。以动物性的食物为主，如摇蚊幼虫、蜻蜓幼虫、水生昆虫、软体动物、寡毛类、小鱼和藻类等。

◆ **生活史特征**

中华鲟的生长缓慢，达到性成熟的时间较长。幼鲟在海洋里生活8～26年才能具备性腺成熟的条件，雄鱼需要8～18年，雌鱼需要13～26年。捕获个体最大年龄为36龄。

亚成鱼性腺发育接近成熟之后，便开始向长江和珠江上游的产卵场溯河洄游。新生的幼鲟则顺江而下，到深海中成长。但是，长江中华鲟种群和珠江中华鲟种群属于不同的生态类群，长江种群产卵季节在10～11月，而珠江种群产卵季节在4～5月。也有研究认为它们是两个不同的种。然而，现在珠江种群已经消失，仅余下长江种群。

长江中华鲟的产卵场原分布在长江上游的川江段和金沙江下段，从金沙江下游新市镇至重庆涪陵600～800千米的江段，已经探知的产卵场有16处。中华鲟洄游至产卵场，但是并不参加繁殖活动，而是在长江中停止进食并等待1年，直到第二年的繁殖季节，性腺成熟后才产卵。因此，中华鲟的繁殖群体包括两个部分，第一是性腺成熟当年产卵群体，第二是性腺未成熟次年产卵群体。20世纪80年代，繁殖群体数量有2000余尾。到2016年，中华鲟繁殖群体数量下降到50尾左右。

中华鲟的怀卵量为47.5万～144.5万粒，平均64.5万粒。卵沉性，椭圆形，灰绿色，具黏性。受精卵在17～20℃水温下5～6天孵化。

生长较快，年平均增重 8 ~ 13 千克（雌）或 4.6 ~ 8.6 千克（雄）。

◆ **保护措施**

中华鲟原为大型经济鱼类之一，但由于葛洲坝的洄游阻隔、三峡水库的运行调度和捕捞已成为濒危物种。1988 年，中国已将其列为国家一级保护野生动物。2010 年，世界自然保护联盟（IUCN）将中华鲟列为极危（CR）等级物种。

为有效维持和恢复中华鲟的种群资源，建议开展中华鲟繁殖的生态调度，维持中华鲟的自然繁殖活动；保护产卵场，有效增加产卵场面积，减小早期死亡率，增加中华鲟子代数量；加快中华鲟全人工繁殖放流规模化技术研究，增加对中华鲟种群的有效补充量。

达氏鳇

达氏鳇是鲟形目鲟科鳇属的一种。又称鳇鱼、黑龙江鳇。是地球上仅存的两种鳇鱼之一。

◆ **地理分布**

达氏鳇在中国主要分布于黑龙江及与其较大支流相连的湖泊，尤其以黑龙江中游为最多；其次是乌苏里江和松花江下游等水域，嫩江下游也偶有发现。在俄罗斯境内，主要分布于黑龙江自河口至石勒卡河和额尔古纳河一带。

◆ **形态特征**

达氏鳇体延长，呈圆锥形，横切面呈圆形，腹面扁平。口位于头的腹面，较大，似半月形。吻呈三角形，比较尖。口前、吻的腹面有触须

2 对，中间的 1 对向前。左右鳃膜相互连接。鳃耙数为 16 ～ 24。体被 5 列菱形的骨板；背骨板 11 ～ 17 枚；侧骨板为 31 ～ 46 枚；腹部骨板 为 8 ～ 13 枚。背鳍条 33 ～ 35；臀鳍条 22 ～ 39。尾为歪尾，上叶长于 下叶，向后方延伸。体背部灰绿色或灰褐色，体两侧淡黄色，腹部为白色。

◆ **生物学习性**

达氏鳇是底层鱼类，喜欢分散活动，性凶猛，成体多在深水区，很 少进入浅水区。幼体在河道浅水区及其附属湖泊、泡沼中育肥、生长， 平时栖息在大江的江岔等水流缓慢、沙砾底质的地方。觅食游动活跃， 一年四季觅食，冬季在大江深处越冬。性成熟个体，初春开始向产卵场 洄游。夏季幼鳇栖息于鄂霍次克海和鞑靼海峡北部沿海水域，以及自日 本海至北海道岛北部的水域。从不游入大海；可分为黑龙江河口的种群、 常年生活在该河道的种群及鄂霍次克海与日本海沿岸淡水水域的种群。 河口种群，有淡水和半咸水两种生态类型，淡水种群占 75% ～ 89%， 在淡水和高度淡化水域中摄食；半咸水种群，在淡水和淡化水域中越冬， 于 6 月下旬至 7 月初便洄游到河口半咸水水域、鞑靼海峡和库页岛西南 部半咸水水域中摄食，水体中盐度为 12 ～ 16。秋季河口被咸化时，半 咸水种类又迁移至淡水水域与淡水种类一起越冬。在黑龙江中，定居型 河道种群鱼类多栖息在黑龙江上、中游；而半洄游性种群在河口中育肥， 繁殖季节上溯 500 千米，进入黑龙江河道产卵。

达氏鳇的幼体主食底栖无脊椎动物、甲壳类及小鱼、小虾、昆虫幼 体等；1 龄之后，转食鱼类；成体几乎完全摄食鱼类，以鮈亚科的鱼类 及鲍、八目鳗、鲤、鲫、雅罗鱼、大麻哈鱼等为主。夏季摄食强度较强，冬季摄食强度则较缓。在繁殖期间，摄食量减弱，但仍不停食，这与史氏鲟不同。人工饲养条件下，经过驯化，可摄食人工配合饲料，摄食强度大，生长快。捕食方式与史氏鲟相似，为吞吸食物。

◆ **生活史特征**

达氏鳇的个体大，生长速度快。最大个体长达 5.6 米，体重达 1000 千克以上。生长相对比欧洲鳇慢。生长在黑龙江河口索饵的个体比生长在黑龙江中游的个体生长快。

达氏鳇的寿命长，一般可活 40 ～ 50 龄以上。1979 年调查，曾捕到 1 尾可达 54 龄的达氏鳇。自然状态下，16 ～ 20 龄性成熟。初始性成熟年龄，雄性为 12 龄以上，雌性为 16 ～ 17 龄。河口种群，性成熟年龄雄性为 14 ～ 21 龄，雌性为 17 ～ 23 龄，性成熟间隔为 4 ～ 5 年。每年 5 ～ 7 月，水温 15 ～ 19℃时，在黑龙江下游深水区江段产卵。卵产在水流平稳、水深 2 ～ 3 米底沙砾底、石砾底质的江段上。成熟卵为椭圆形或圆形；卵沉性、黏性，呈黑褐色或灰黑色。卵径为 2.3 ～ 3.5 毫米，平均 3.4 毫米左右。一般怀卵量为 25 万～ 400 万粒，平均为 100 万粒。一般雌体怀卵量占体重的 8% ～ 30%，平均为 15%。16 ～ 30 龄怀卵量为 18.6 万～ 203.2 万粒，平均为 81.9 万粒。

◆ **养殖**

中国从 2000 年开始对达氏鳇的野生幼鱼驯化养殖，成活率一般不超过 10%。因此，养殖群体很小，也限制了其规模化发展。2012 ～ 2013 年，中国水产科学院黑龙江水产研究所探索的培育方式可使其苗种规模培育成活率达 50% 以上；2020 ～ 2022 年，在呼兰实验站，培育至 10 厘米时的成活率最高达 60%。由于达氏鳇的性成熟时间较长，大部分养殖场形不成养殖梯队，养殖的数量也有限。达氏鳇与施氏鲟一样，在中国鲟鱼养殖产业中具有重要作用，主要用于增殖放流、杂交育种、商品鱼或鱼子酱生产，用于商品鱼目的的养殖比较少。由于其驯养难度较施氏鲟大，其群体保存量相对较小。

白　鲟

白鲟是鲟形目匙吻鲟科白鲟属的一种。又称象鼻鱼、琴鱼、朝剑鱼。古称鲔。

◆ 地理分布

白鲟主要分布于中国长江干流和四川境内的主要支流，偶尔会出现在海洋里，是匙吻鲟科现存的两个物种之一。

◆ 形态特征

白鲟的体长梭形，以体色较浅而得名。吻长剑状，前端狭而平扁，基部且肥厚；吻腹面有须 2 条。体无骨板状大硬鳞；仅在尾鳍上缘有 1 列棘状鳞，背部浅紫灰色、腹部及各鳍略呈白粉色，是世界上最大的淡水鱼类，最长可达 7 米，908 千克。

◆ 生物学习性

白鲟的性情暴躁，以吃鱼为生，铜鱼、长鳍吻鮈等是其主要的食物。

◆ 生活史特征

白鲟性成熟晚，雄鱼为 5 龄，雌鱼为 7 龄。产卵和生长都在河流中完成，主要产卵场在金沙江下游的宜宾江段和四川省江安县江段，繁殖期在 3 ~ 4 月，产沉黏性卵，卵呈灰黑色、球形。卵径 2.1 毫米、沉性。怀卵量可达 20 万，着落于以鹅卵石为底质的河床。幼鱼集群往降河迁移，随着个体的不断生长，它们逐渐分散开来，在长江从四川宜宾至上海崇明广泛分布，但是成熟个体仅在长江上游出现。

◆ 种群动态

因为长江中下游没有适合白鲟产卵的环境条件，因此葛洲坝的修建阻隔白鲟的洄游通道被认为可能是造成其种群资源减少的主要原因。然而，白鲟没有在坝下形成新的产卵场，种群资源无法补充。白鲟的数量逐渐减少，从 1997 年开始，仅于 1997 年在四川泸州、2002 年在江苏南京、2003 年在四川宜宾市南溪区调查到白鲟的出现，共 3 尾。其中，2002 年和 2003 年误捕的白鲟已达性成熟。2002 年发现的是一条待产的白鲟，2003 年误捕的白鲟已产过 1 次卵，腹腔内有剩余卵粒约 100 万粒。此后，长江中再也没有出现过白鲟的踪影。

1983 年，中国将白鲟列为国家一级保护野生动物。2022 年，世界自然保护联盟（IUCN）发布全球物种红色目录更新报告，宣布白鲟灭绝。

鳇

鳇是鲟形目鲟科鳇属的一种。

◆ 地理分布

鳇起源于 1 亿 3000 万年前的白垩纪，分布于中国黑龙江中下游、乌苏里江、松花江、嫩江下游，为黑龙江流域的名贵鱼类，在结雅河、石勒喀河、喀尔古纳河、鄂毕河、音果达河、奥列列湖、博隆湖、黄河口附近的烟台、日本海、鄂霍次克海域也有过记载。

◆ **形态特征**

鳇的体长梭形，被 5 纵行骨板状大硬鳞。背骨板 11～17 枚，侧骨板 31～46 枚，腹骨板 8～13 枚。头略呈三角形。吻长而较尖。与鲟类的区别在于口裂宽大，呈新月形。鳃盖膜游离，左右鳃孔相连。须侧扁。背部黑青色，两侧黄色，侧硬鳞骨板黄褐色。歪尾型、上叶大，向后方延伸。

◆ **生物学习性**

有研究认为鳇有两个生态类群，即河口半洄游型和河道定居型，其中半洄游型类群在河口肥育，洄游到黑龙江等干流江段产卵。鳇营底栖生活，其幼鱼在河道浅水区及其附属湖泊、泡沼中育肥、生长，喜生活在沙、沙砾质水底。常分散活动。平时多栖息在汇流及回水中，冬季在深水越冬，性成熟个体早春向产卵场洄游。为凶猛型的肉食性鱼类，耐低温，一年四季均在摄食生长。幼鱼主要以底栖动物及小鱼为食，1 龄后以鱼为食。适宜温度为 15～22℃。体长可达 5.6 米，体重可达 1000 千克以上。

◆ **生活史特征**

鳇的性成熟较晚，产沉黏性卵。雌鱼初次性成熟年龄为 16～20 年，雄鱼为 12 年以上，繁殖群体性比为 1：1。繁殖期在每年 5～7 月，水温为 15～19℃，在黑龙江干流水势湍急、水深、沙石底质的江段产卵繁殖。绝对怀卵量为 25 万～400 万粒，平均 100 万粒。生殖周期较长，一般为 3～5 年。

◆ **种群动态**

二十世纪八九十年代鳇的捕捞量开始有所增长，随后下降，2001年产量为 10 吨，2004 年的产量为 8 吨。

俄罗斯鲟

俄罗斯鲟是鲟形目鲟科鲟属的一种。

◆ **地理分布**

俄罗斯鲟分布于里海、亚速海和黑海地区，涉及俄罗斯、伊朗等众多国家，其捕捞产量曾位居世界鲟鱼榜首。

◆ **形态特征**

俄罗斯鲟头部有喷水孔。吻端锥形，两侧边缘圆形，吻长占头长的 70% 以下。口呈水平位，开口朝下。吻须圆形，2 对。背鳍条数通常少于 44。全身被以 5 列骨板，背骨板与侧骨板间常有星状小骨片。体色变化较大，背部呈灰黑色、浅绿色或墨绿色，腹部呈灰色或浅黄色。幼鱼背部呈蓝色，腹部呈白色。

◆ **生物学习性**

俄罗斯鲟溯河洄游，一般始于早春，在夏季达到高峰，结束于秋末。在伏尔加河，俄罗斯鲟的产卵洄游始于 3 月末或 4 月初，此时水温 1～4℃。随着水温和入海水量的增高，产卵洄游活动加剧，6～7 月达高峰。当水温降至 6～8℃时产卵洄游逐渐减少，至 11 月基本停止。俄罗斯鲟主食软体动物等无脊椎动物，也摄食虾、蟹等甲壳类及鱼类。

不同流域的俄罗斯鲟生长、繁殖特性差异较大。在亚速海生长最快，2 龄鱼体重达 2 千克，10 龄鱼 12 千克，25 龄鱼 70 千克。雌性初次性成熟年龄一般 12 ～ 16 龄，雄性一般 11 ～ 13 龄。产卵时间可分为早春型和冬季型。

◆ 养殖

除俄罗斯、伊朗两个鲟鱼养殖大国外，俄罗斯鲟已被引种到许多国家人工养殖。中国也有养殖，产量约占全国鲟鱼总产量的 10%。

达氏鲟

达氏鲟是鲟形目鲟科鲟属的一种。又称长江鲟、小腊子、沙腊子。

◆ 地理分布

达氏鲟是长江上游纯淡水生活的特有种类。分布于中国的长江上游干支流。长江上游除宜宾至宜昌干流江段外，金沙江及岷江、沱江、嘉陵江和乌江等支流的下段，皆有分布。

◆ 形态特征

最大的达氏鲟仅 16 千克左右。体延长呈梭形。吻尖长，吻腹面中央有须 4 条。尾歪形，体具 5 纵行骨板状大硬鳞。鳃盖膜与鳃峡相连，左右鳃孔分离，鳃耙呈三角形薄片状。外形与中华鲟相似，但成鱼体长较短，体重较轻。幼鱼皮肤粗糙，体背部灰黑或灰褐，侧板和腹板间体色乳白，其间侧板下方体色无过渡区。主要摄食底栖动物，常见的有水生寡毛类和水生昆虫的幼虫或稚虫，成鱼的食谱中还可见到植物碎屑和藻类。

◆ **生活史特征**

达氏鲟雄鱼 4 龄、雌鱼 6 龄达性成熟，繁殖期在 3 ～ 4 月。产卵场分布于金沙江下游的冒水至长江上游合江之间的江段。产卵场的底质为砾石。在洪水期，达氏鲟进入水质较清的支流生活。

◆ **保护措施**

达氏鲟于 1988 年被中国列为国家一级保护野生动物。2010 年被世界自然保护联盟（IUCN）列为极危（CR）等级物种。

达氏鲟的人工繁殖技术已经取得成功，每年约有 2000 尾达氏鲟被放流回到长江。2011 年和 2012 年连续两年都在长江上游宜宾江段调查到人工放流的达氏鲟。但是放流数量较少，种群维持和恢复都比较困难；且放流个体对外界环境不适应，很容易就被渔民捕获，死亡率较高，也是达氏鲟的保护工作所亟须解决的问题。

鲱形目

鲥

鲥是鲱形目鲱科鲥属的一种。俗称时鱼、鲥鱼、锡箔鱼等。

◆ **地理分布**

鲥分布于中国黄海、东海、南海及长江、钱塘江、西江等大型通海河流。

◆ **形态特征**

鲥的背鳍 4，15 ～ 16；臀鳍 2，17 ～ 18；胸鳍 1，14 ～ 15；腹鳍 1，

6 ～ 8。纵列鳞 44 ～ 46，横列鳞 16 ～ 18。棱鳞 17 ～ 18+13 ～ 15。鳃
耙 110 ～ 156。椎骨 38 ～ 39。因其身体扁薄而得名，腹部具棱鳞。吻
圆钝。眼小，脂眼睑发达。眼间隔较宽。口较小，上颌骨延伸至眼后下
方，正中有一缺刻，并与下颌突起嵌合，上、下颌均无齿。鳃孔甚大，
左右相连。鳃耙密而长。体被大而薄的圆鳞，不易脱落，头部光滑无鳞，
腹部棱鳞强。背鳍、臀鳍基部有很低的鳞鞘。胸鳍、腹鳍基部有短的腋
鳞。无侧线。背鳍起点至吻端较距尾鳍基部为近。臀鳍距尾鳍基近，基
部约与背鳍基部等长。胸鳍下侧位，后方不伸达腹鳍起点。腹鳍始于背
鳍起点稍后方，距前鳃盖骨后缘和臀鳍起点距离约相等。尾鳍深叉形，
基部有小鳞覆盖。体背部灰黑色，略带蓝绿色光泽，体侧及腹部银白色。
腹鳍、臀鳍灰白色，背鳍、胸鳍暗蓝色。尾鳍边缘灰黑色。幼鱼体侧具
黑斑，1 龄鱼有 3 ～ 7 个，2 龄鱼有 7 ～ 10 个，3 龄时黑斑消失。

◆ 生物学习性

鲥是暖水性中上层江海洄游鱼类，平时生活在海中，每年 4 月前后
开始由江苏、浙江近海汇集长江口，经南通、江阴上溯至鄱阳湖，性腺
在洄游途中逐渐成熟。幼鱼以浮游动物为主食，成鱼以海洋桡足类为主，
兼食浮游硅藻和部分糠虾、磷虾等，但在上溯长江生殖洄游时停止摄食。

◆ 生活史特征

鲥的主要产卵场在赣江吉安以下、新干县以上 90 千米的江段，且
以峡江县以下 30 千米为主。一般 6 月下旬至 7 月下旬产卵繁殖，产后
亲鱼返回海中，受精卵浮性，随水漂流孵化，稚幼鱼在鄱阳湖育肥生长
至 9 月上中旬，其后随水流降河，冬季前入海。长江鲥的繁殖亲体一般

体长 30 ～ 60 厘米，以 2 龄和 3 龄为主，怀卵量 107.4 万 ～ 482.7 万粒，成熟卵浮性，水温 26℃需 17 小时孵化，初孵仔鱼全长 2.31 ～ 2.91 毫米。

◆ 经济价值

鲥是长江重要经济鱼类，是著名的长江"三鲜"之首。产卵前鱼体肥硕，鳞片下富含脂肪，肉味鲜嫩，为鱼类之上品。1974 年，长江鲥鱼的渔获量达 1669 吨；但其后资源急剧衰退，1986 年仅为 12 吨；至 20 世纪 90 年代初已在长江消失。

鲤形目

扁吻鱼

扁吻鱼是鲤形目鲤科扁吻鱼属的一种。俗称新疆大头鱼、虎鱼。又称水中大熊猫。扁吻鱼有着古鱼类活化石之称。

◆ 地理分布

扁吻鱼自然种群稀少，是中国特有鱼类物种，仅在渭干河流域有少量个体。曾经分布地为新疆塔里木水系的博斯腾湖、焉耆开都河、阿克苏河、渭干河、木扎提河及叶尔羌河。

◆ 形态特征

扁吻鱼体修长，稍侧扁，腹部较圆。头长，吻部扁平。口裂较宽，斜裂，下颌略超过上颌，且上颌前缘增厚，补形成锐利的角质前缘。须 1 对，位于口角。鳃孔大，其前缘略超过前鳃盖骨前缘下方。背鳍刺发达，其后缘具有较多锯齿。鱼体背部呈蓝灰色，腹侧银白色。身体被细鳞，仅胸部裸露无鳞，侧线鳞较其上下的鳞片大。下咽齿 3 行，齿端尖，稍钩曲。该鱼喜生活在缓流和静水水体中，鱼体最大体长有 126 厘米，最重可达 40 千克以上。

◆ 生物学习性

扁吻鱼的食物以各种鱼类和螺类为主，突击掠食性差。

◆ 生活史特征

扁吻鱼性成熟较晚，一般需 6 ～ 7 年，繁殖力较低，卵径较小，一般为 1.5 ～ 1.7 毫米，相对怀卵量为每千克体重 28 粒，鱼卵孵化的水温在 18 ～ 21℃。每年 4 月下旬至 5 月上旬河水开始上涨，扁吻鱼进入繁殖期，繁殖时亲鱼需溯河至水体的上游，在河床底质为石砾的地方产卵，卵粒具有微黏性和毒性。

◆ 面临威胁

由于过度捕捞，产卵场的破坏及栖息环境的变化，扁吻鱼自然种群数量趋于减少，种群老龄化严重，资源衰退加快。

◆ 保护措施

扁吻鱼于 1988 年被中国列为国家一级保护水生野生动物，并被收入《中国濒危动物红皮书》中。扁吻鱼流水养殖技术已突破，可开展流水养殖。

鲑形目

川陕哲罗鲑

川陕哲罗鲑是鲑形目鲑科哲罗鲑属的一种。又称四川哲罗鲑、勃氏哲罗鲑、虎鱼、猫鱼、虎嘉鱼等。

◆ 地理分布

川陕哲罗鲑在中国主要分布于西部的四川、陕西，以及东北部的黑龙江等地。

◆ 形态特征

川陕哲罗鲑体长梭形，略侧扁。头部无鳞，吻钝尖。眼侧位，眼间隔宽，口大，端位。上颌伸过眼后缘。背鳍始于体前后端的正中点，第一分枝鳍条最长，鳍背缘微凹。臀鳍约始于腹鳍基到尾鳍基的正中点。脂背鳍位臀鳍基的正上方。胸鳍侧下位，尖刀状，远不达背鳍。腹鳍约始于背中部下方，远不达肛门。尾鳍叉状，头体背侧蓝褐色，有十字形小黑斑，斑小于瞳孔；腹侧白色。小鱼体侧常有 6 ～ 7 暗色横斑，鳍淡黄色；生殖期腹部、腹鳍及尾鳍下叉橘红色。前颌骨有齿 18，上颌骨有齿 50，下颌每侧有齿 14。腭骨齿 13。犁骨前端有 3 ～ 4 齿，两侧各有 4 齿，舌有齿 2 行各 6 ～ 7 个，鳃孔大，鳃耙粗短。鳃膜骨条 13，鳃膜分离且游离。肛门临近臀鳍始点。鳔长大，一室胃发达，鳞为小圆鳞，无辐状沟纹。侧线完整，前端稍高。

◆ 生物学习性

川陕哲罗鲑多栖息于海拔 700 ～ 3300 米的山涧溪流、急流深潭中，以及水流湍急、溶氧量高、水温低水质好的河川支流中，且大多栖息在河川上游。

川陕哲罗鲑具有优良的生长和遗传特性，1 龄鱼平均体长 216 毫米，2 龄鱼平均体长 406 毫米，3 龄鱼平均体长 596 毫米，4 龄鱼平均体长

786 毫米。历史资料显示,川陕哲罗鲑最大个体在 50 千克以上。川陕哲罗鲑是性情凶猛的食肉性鱼类,其生物学习性等与细鳞鲑相近,喜欢捕食大型水生昆虫、鱼类、两栖动物、水鸟和水生兽类等,其中鱼类包括齐口裂腹鱼、重口裂腹鱼、马口鱼等。

◆ 生活史特征

川陕哲罗鲑的繁殖期在每年 5 ～ 6 月份,产卵场所在的上游和下游均有急流且水位较深,成熟鱼卵产在近岸缓流区域的砾石上,雄性和雌性成双配对,前后追逐,共同筑巢。巢的直径为 150 ～ 300 厘米。水在巢内的流速为 40 ～ 60 厘米 / 秒。夜晚和清晨产卵,卵为黄色,没有黏性,直径 3 ～ 4 毫米。卵在产出后就沉入巢中,埋在沙砾石中发育孵化。幼体生长比较缓慢,在 4 ～ 5 龄时达性成熟。

◆ 面临威胁

由于栖息地自然环境的恶化及人为活动的加剧,川陕哲罗鲑栖息水域被污染,产卵场严重萎缩,产卵洄游通道被阻断,造成种群数量急剧下降,已处于濒危境地。

◆ 保护措施

川陕哲罗鲑于第四纪冰川时期由北方扩散而来,冰期结束后在海拔较高、水温较低的河流中生存下来,并成为一个独立物种。它是历史气候变化的一个有力物证,在研究动物地理学、鱼类系统发育与气候变化等方面具有很高的科学价值。川陕哲罗鲑在中国被列为国家二级保护野生动物,并被列入《中国濒危动物红皮书》。中国青海省的玛可河建有川陕哲罗鲑保护中心,该中心开展川陕哲罗鲑产卵场监测,玛可河鱼类、两栖类、浮游生物、底栖生物等水生生物资源调查，以及基础理论研究和水域生态环境监测等工作，以期为川陕哲罗鲑野生种质资源的恢复提供科学依据。

鲈形目

黄唇鱼

黄唇鱼是鲈形目石首鱼科黄唇鱼属的一种。又称白花鱼、黄鳌鱼、大澳鱼、金钱鳌等。是中国的特有种，为名贵珍稀鱼类，属于国家二级保护野生动物，是濒危物种，也是石首鱼科中体形最大的物种。

◆ 地理分布

黄唇鱼主要产区在中国广东沿海和闽南渔场。地处东海、南海交汇处的南澳岛。原来黄唇鱼资源较为丰富，由于后来幼鱼栖息的江河下游、河口和生长海域生态环境的恶化，以及人为的过度捕捞，使黄唇鱼成为濒临灭绝物种。按鱼体外型区分，黄唇鱼有两种：一种头钝，称大鸥，又称排口或大头黄唇鱼，栖息在 10 米以上的深水处，纯海水区域较多；另一种头较尖，称白花，又称尖头白花，常栖息于咸淡水河口海域的中上层。东莞海域两种黄唇鱼都有，大头黄唇鱼较少见，尖头白花较多。

◆ 形态特征

黄唇鱼体形呈长的纺锤形，背部隆起，腹部从胸鳍至肛门较平直，臀鳍至尾柄急速向上收窄。黄唇鱼成年后体长 1～1.5 米；重 15～30千克，最大可达 50 千克。体长为体高的 3.4 倍，为头长的 4 倍，为尾柄长的 3.8 倍；尾柄长为尾柄高的 3.4 倍；头长为眼径的 5.75 倍，为眼间距的 7.2 倍，为吻长的 3.8 倍，为口裂长的 2.9 倍。

鱼头背部呈八字形，中等大，侧扁。吻稍尖，吻长大于眼径，眼径大于眼间距。口前位，口裂从吻端向下侧倾斜，达眼前缘下方。上下颌有齿，尖细。背鳍起点在体长的 1/3 处，第三棘最长，为头长的 52%；胸鳍尖长；腹鳍胸位，在胸鳍的下方，第一鳍条延伸突出，呈线状；尾鳍呈标枪头状。头部被圆鳞、体被银圆般栉鳞。侧线完整，前半部呈向上的弧形，后半部较平直，至尾柄末端为 62 个，尾鳍处另有 18 个不明显的侧线鳞，直至尾鳍末端。体背侧棕灰带橙黄色，腹侧灰白色。胸鳍基部腋下有一个黑斑，背鳍鳍棘和鳍条部边缘黑色，尾鳍灰黑色，腹鳍和臀鳍浅色。

◆ 生物学习性

黄唇鱼栖息于近海水深 50 ～ 60 米海区，幼鱼栖息于河口及其附近沿岸，在水清时集群，水浊时分散。为肉食性鱼类，以小型鱼类和虾、蟹等大型甲壳类为食，幼鱼则以虾类为食。喜欢逆流浑水，厌强光。有集体产卵的习性。在此期间，由于其鳔内空气振动在水下传出娓娓动听的声响，时强时弱，且有音乐之旋律，100 米周围海区可闻其声。

◆ 生活史特征

根据历年捕获的黄唇鱼的性腺发育资料，东莞海域天然生长的黄唇鱼，体重要达 15 千克以上时，才有完全成熟的卵。卵巢重可达鱼体重的 20%，卵粒大小如鲤的卵，吸水后比原来大 30% ～ 50%，黏性卵。黄唇鱼在清明至谷雨前后产卵，东莞海域的产卵场，在龙穴到大虎一带的狮子洋海域，该处虽为河口，但洋面开阔，各处水流情况不同、深浅不一，最深处有30多米，底部为沙质或蚝壳底。

◆ **经济价值**

黄唇鱼在3～6月向沿岸洄游，形成鱼汛。截至2022年，可供捕捞的黄唇鱼资源量已相当稀少，且鱼体逐年细小。可利用天然水域捕获的黄唇鱼种进行养殖，不投饵料，以大排大灌的方法，引入天然饵料。2022年，黄唇鱼人工繁殖成功。

以黄唇鱼鱼鳔制成的花胶十分珍贵。

第6章

贝类

帘蛤目

大砗磲

大砗磲是帘蛤目砗磲科砗磲属的一种。又称库氏砗磲。

◆ **地理分布**

大砗磲广泛分布于印度洋－西太平洋热带海域。在中国，分布于台湾南部、海南各岛礁。国际上，分布于日本、菲律宾、泰国、印度尼西亚及澳大利亚等国。

◆ **形态特征**

大砗磲的贝壳特大，是双壳纲中个体最大者，贝壳长度可达1米多，体重250～300千克。壳质厚重。壳顶位于近中央处。外韧带长，黄褐色。壳面呈灰白色或黄白色，具有4～6条粗

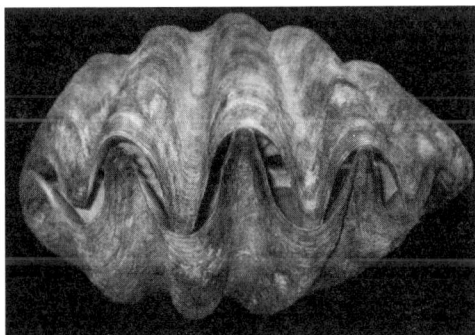

大砗磲的贝壳

壮强大的放射肋，肋上有鳞片和皱褶，肋间沟深，壳缘呈波浪状。壳内白色或淡橘色，具光泽。足丝孔小。

◆ 生物学习性

大砗磲属热带暖水性强的种类。栖息于浅海珊瑚礁间，由于个体很大，通常是不移动的。生活时背部壳缘向上，两壳张开，外套膜伸展，色彩艳丽，十分漂亮。大砗磲外套膜内生活着大量的虫黄藻，借助于膜内的玻璃体进行聚光，通过光合作用，使得虫黄藻在砗磲体内大量繁殖，这些藻类为砗磲提供充足的养料。虫黄藻一旦离开砗磲将不能存活，它们彼此相互依存，形成了著名的贝 - 藻互利共生的特殊关系。

◆ 经济价值

大砗磲的肉可食用。贝壳重大，一直以来都是良好的贝雕原材料，可加工雕刻成各种工艺品或装饰品。据记载，大砗磲是佛教中七宝之一，也被认为是最珍贵的一种。佛教认为砗磲有辟邪保平安等作用，所以在佛教中，常用大砗磲贝做成佛珠。据《本草纲目》记载，大砗磲贝有镇心、安神、增强免疫力等功效。

◆ 濒危原因

由于过度捕捞和生存环境珊瑚礁遭到严重破坏等因素，大砗磲已濒临灭绝。

◆ 保护措施

大砗磲在中国为国家一级保护野生动物。中国已先后制定了《中华人民共和国野生动物保护法》《国家重点保护野生动物名录》等，对该物种加大了保护和执法力度，严禁捕杀大砗磲和销售其制品。保护濒危野生动物的根本性措施除杜绝滥杀或滥捕外，重要的是对大砗磲等种类栖息地（即珊瑚礁生境）的保护。

第7章 头足类

鹦鹉螺目

鹦鹉螺

鹦鹉螺是软体动物门头足纲的一类海生无脊椎动物。

鹦鹉螺在地质历史上十分繁盛，约有 900 个属，绝大部分已灭绝。鹦鹉螺具钙质硬壳，常以化石形式保存下来。除鹦鹉螺超目的属外，名称都缀以"角石"，即"角状化石"，例如震旦角石、爱丽斯木角石、珠角石、内角石、肿角石、盘角石等。鹦鹉螺类化石在寒武系上部至第三系中均有发现，其中鹦鹉螺属延续至今，被视为活化石，也是一个典型的孑遗分子。

鹦鹉螺的总体特征是：壳小到大，一般为平旋，少数为环形壳或弓形壳；体管细长，多位于近中心的位置，个别腹位或背位。直颈式，一般无体管沉积。鹦鹉螺全部海生。从奥陶纪至现代，在奥陶系个别层位中非常丰富，是划分对比地层的标志化石。

本书编著者名单

编著者 （按姓氏笔画排列）

马志军　　马国军　　王正寰　　王海涛

任宝平　　向左甫　　刘志瑾　　刘宗岳

孙大江　　杜　宇　　李　晟　　李春旺

杨　刚　　杨再学　　杨君兴　　吴孝兵

吴诗宝　　宋延龄　　张　立　　张　鹏

张素萍　　陈　珉　　陈水华　　陈细华

武春生　　范朋飞　　金　崑　　周开亚

孟智斌　　段　明　　姜广顺　　高　欣

唐文乔　　黄乘明　　龚世平　　蒋学龙

楼　宝　　詹仁斌　　魏辅文